戒了吧！

QUIT, PROCRASTINATION

辰格◎编著

拖延症

21天搞定拖延症 升级版

天津出版传媒集团

天津人民出版社

图书在版编目（CIP）数据

戒了吧！拖延症：21天搞定拖延症：升级版/辰格
编著. —天津：天津人民出版社，2016.1（2019.1重印）

ISBN 978-7-201-09973-6

I.①戒… Ⅱ.①辰… Ⅲ.①成功心理－通俗读物
Ⅳ.①B848.4-49

中国版本图书馆 CIP 数据核字（2015）第 273735 号

戒了吧！拖延症：21天搞定拖延症：升级版
JIE LE BA! TUOYANZHENG：21TIAN GAODING
TUOYANZHENG：SHENGJIBAN

出　　版　天津人民出版社
出 版 人　刘　庆
地　　址　天津市和平区西康路35号康岳大厦
邮政编码　300051
邮购电话　（022）23332469
网　　址　http://www.tjrmcbs.com
电子邮箱　reader@tjrmbs.com

责任编辑　陈　烨
策划编辑　梁珍珍
装帧设计　沈加坤

制版印刷　天津翔远印刷有限公司
经　　销　新华书店
开　　本　690×980毫米　1/16
印　　张　16
字　　数　180千字
版次印次　2016年1月第1版　2019年1月第4次印刷
定　　价　32.80元

今天不开始，明天空后悔
戒拖，从现在开始

前言
Preface

你是否经常发生这样的状况：

说好今年要开始健身的，但是由于很多原因至今没开始；

明明知道今天是交稿日，还是有很多理由干这干那就是打不出一个字；

早就拿到了账单，却总是过期，直到被人催缴；

面对凌乱的房间，产生"整理"的念头已经无数次了，但总想下一次再说；

生病时，总是能拖就拖，直到无法忍受时才去医院；

约会时，习惯性迟到；

做好了一项计划，总觉得还不够好，索性就迟迟不开始……

这些状况虽然各不相同，但它们却有一个共同点：结果都很糟糕，而你的心情也很差。

如果这些情形只是偶尔发生，那还不要紧，如果经常发生，甚至成了难以改变的习惯，那就得注意了。这些情形，就是"拖延"。

拖延，是人们一种普遍的心理和行为现象。每个人都会有这样那样的拖延习惯，不严重的是小毛病，严重的就是"拖延症"。然而，不管是否严重，拖延对于生活和工作都会造成负面影响。

拖延症的危害在于，它实际上是一种"慢性隐性病"，短期看似乎影响不大，但从长远看危害无穷。更重要的是，很多人被"拖延症"所困、所害而不自觉，他们总会为自己的拖延行为找到貌似合理的解释，等到发现时，往往已是晚期而难以根治。

拖延是时间的杀手，它会缩短我们生命的长度，让我们在无休止的等待与无尽的悔恨中虚耗年华。

拖延是生命的窃贼，它会在不知不觉中盗走我们的热情、机会，消磨我们的斗志，让我们的生活在原地打转儿。

为了让更多的拖延症患者意识到拖延的危害，尽快摆脱拖延的困扰，我们策划了这本《戒了吧！拖延症》（升级版）。本书是对之前推出的《戒了吧！拖延症》一书的全面升级，本书的主人公依然是我们熟悉的胡小懒。通过对"拖延症患者"胡小懒生活片段的展示和分析，揭示了拖延症的种种表象和内在原因；胡小懒在"戒拖"过程中的种种努力，也为广大读者提供了可供借鉴的方法。

造成拖延的因素多种多样，有的是天性懒惰，有的是害怕承担责任，有的是过于依赖他人，有的则是过于追求完美。这种种因素，在胡小懒的故事中都得到了淋漓尽致的体现，可供广大"拖友"自省或借鉴。

本书在每一节的最后增加了"戒拖小贴士"，既是对本节内容的总结，也是为拖友开出的一剂良方。

最后，希望每一位拖友都能成功戒拖，开启更加美好的生活。

目 录
Contents

| 第1章　拖延症的真面目：你中招了吗 |

"拖延症"是个时髦词，很多人甚至还会千方百计地把自己往"拖延症"上靠，似乎在当今，没有点无关轻重的心理病就不算时髦。然而我们原本觉得没什么大不了的拖延，也许已经影响到了我们生活的方方面面，甚至早已在不知不觉中给我们带来了严重后果。

第2章　防拖进行时：这些方法把"入拖"概率降到最低

习以为常的东西总是难以被人重视，正因为每个人身上都有拖延症，所以我们才最容易忽视它。只有对拖延足够重视，才能避免越陷越深，并尽早摆脱它。

第3章　懒惰是拖延的前奏，戒拖先治懒

当你发现自己已经从一个懒人变成一个越来越勤快的人时，你身上的拖延症状一定也减少了许多，因为懒惰是导致拖延的重要原因。

第4章　正面迎击，拒绝逃避，让拖延无机可乘

　　责任不会因为逃避而无需承担，准备得越充分，完成得就会越好，就不会给拖延以可乘之机。

第5章　别太完美主义，谨记效率第一摆脱拖延

　　追求完美固然可赞，但过于纠结则会让你陷入永远无法完成甚至不愿开始的泥淖。记住，凡事没有最好，对于你的工作，保质保量完成是首要的。当然如果时间充足，追求完美也未为不可。但一定要给自己留有应对突发情况的时间。

第6章　弄清时间都去哪儿了，用时间管理打败拖延

　　告别拖延首先需要知道自己的时间都去哪儿了，这需要运用时间管理，管理时间的方法多种多样，发现适合自己的管理方法，才能打败拖延，做自己时间的主人。

第7章　用合理的计划挤走拖延

　　计划表固然重要，但合理的计划才最重要，列出事情的先后顺序，时刻告诉自己，计划赶不上变化快，把变化列入计划，在面临变化时你才不会手忙脚乱。

第8章　做，才能改变，用强大的执行力终结拖延

做，才能改变，在做之前，分清事情的轻重缓急，做出合理的安排，不要期望最后一秒出现奇迹，这样你才能避免因混乱而陷入拖延。

第9章　自律是王道：上进的心可以治愈拖延

拖延症其实就是自制力差，管不住自己，拖延症患者最擅长自欺欺人，一点点把事情往后拖，总也进不了状态。改变自制力差的问题，就要从小事做起，用一个个微小的进步树立信心，当上进心占上风时，你离自律就不远了。

| 第10章　资深拖友看过来：必杀妙招拯救你 |

　　拖延是长期养成的习惯，是一种慢性病。慢病没有速效药，注定了戒拖是一个长期的过程。只要坚定信念，不畏艰难，就一定能够在戒拖之路上越走越远。而你，也将在戒拖的过程中，经过重重修炼，成就一个更好的自己。

测一测：你的拖延症到了什么程度

"人人都有拖延症"，每个人的身上多多少少都有点拖延症状。区别只在于，有的人症状轻一些，有的人则已经到了晚期，俨然已成资深拖延大咖。那么，赶快来测一下你的拖延程度吧！

1.不管是寒暑假作业，还是领导交代的任务，总是拖到最后一刻才完成。

2.很想自律，总是给自己设置一个开始时间，幻想从那以后就能戒掉拖延，但总是坚持不了几天。

3.朋友中有比自己还拖延的人，在心里曾暗自庆幸，原来自己还不算太严重。

4.朋友中已经没有比自己更拖延的人了，自己都快受不了。

5.有时对自己很无奈，很抓狂，为什么自己会变得这般拖沓。

6.连出门约会都会迟到，为此还曾错过很好的人或朋友、客户。

7.每次拖到最后不得不完成任务的时候，发现其实事情没有那么难，花的时间也并不多，不明白为什么自己之前就是拖着不做。

8.常幻想着自己能通宵熬夜完成任务，越到最后关头这种幻想越强烈。

9.觉得拖延已经严重影响了自己的人生，影响到自己获得本来应该得到的成功。

10.幻想着有朝一日，能够有一剂万能灵药，让自己一下子摆脱拖延。

如果上面10个问题中，有8-10条都说中了你的心声，那恭喜你，你已经成为拖延症重度患者；如果有4-7条对你来说是准确的描述，那你则是拖延症中度患者；如果只有1-3条符合你的情况，你还是拖延家族的新成员，拖延症轻度患者；如果没有一条符合你的情况，要么你是从不拖延、自律极强的人，要么你已经成功地摆脱了拖延症。

第1章

拖延症的真面目：你中招了吗

"拖延症"是个时髦词，很多人甚至还会千方百计地把自己往"拖延症"上靠，似乎在当今，没有点无关轻重的心理病就不算时髦。然而我们原本觉得没什么大不了的拖延，也许已经影响到了我们生活的方方面面，甚至早已在不知不觉中给我们带来了严重后果。

你的"拖延心"是否总在蠢蠢欲动

"拖延症"一词在近几年广为流行，很多人常常在网上发着"拖延症好讨厌啊""自己怎么这么能拖""谁来拯救我的拖延症啊"等类似的牢骚，然而牢骚发完也就发完了，大部分人并不把自己的拖延症当回事。

小青年们甚至还会千方百计地把自己往"拖延症"上靠，似乎在当今，没有点无关轻重的心理病就不算时髦。不管什么事情没完成，或因个人因素导致了失败，都可以说句"哎，只怪我太拖延了"。拖延症居然成为了失败最好的借口。

拖延症似乎成了我们这个时代的通病，导致拖延症的因素很多，不仅是人们通常认为的懒惰。这些身患拖延症的人，有天天加班加点的白领精英，有成绩优异的学霸，有事业有成的成功人士，更有平平凡凡的大多数。

胡小懒就是众多拖延症患者中的典型。他平时就比较拖拉，比如写方案，不到最后一刻不愿意动笔。他也承认自己在工作上的拖拉，却没想过其实拖延症早已渗入到他生活的方方面面，对他产生了很大的影响。

胡小懒每天9点上班。因为家住得离公司有点远，坐公交需要1个小时，坐地铁需要40分钟。所以他为了能多睡一会儿，早上是一定要坐地铁的。

胡小懒公司所在的写字楼里的单位大部分都是9点上班，而电梯仅有3部，这就造成了早上等电梯要排长队的可悲现实。通常，等电梯的时间是10分钟，地铁加等电梯一共就要50分钟，再加上洗漱、穿衣、出门时间的20分钟，就是说胡小懒就算早上不吃早餐也要在7点50分准时起床才能保证不迟到。如果算上吃早餐的20分钟，胡小懒早上就应该7点30分起床。

胡小懒心里也清楚这点，因此用手机分别设了7点、7点15和7点30分三个闹钟。当7点的闹钟响时，胡小懒一看"才7点呀"，就果断按掉了；等7点15分的闹钟响起时，胡小懒又想"还是再睡会儿吧"；很快，闹钟又响了，此时是7点30分，胡小懒按掉闹钟，眯着眼寻思，早上就不在家吃饭了，在去公司的路上随便买两个包子，5分钟就可以解决，还可以多睡15分钟。哈哈！胡小懒觉得自己真是太聪明了，他将闹铃设在15分钟之后，又继续睡了。

睡梦中的时间总是过得格外快，一眨眼的工夫，闹钟又响了。胡小懒睡眼蒙眬地看了一眼手机，立即决定两个包子也省了，再多睡一会儿。他又闭上眼睛，将手机拿在手中，以防自己睡过头。过了一会儿，胡小懒睁眼看了看时间，7点49分，"嗯，还有1分钟……"胡小懒想还可以赖一会儿，心里数着数，"1、2、3、4……数够60秒我就起床。"

可是数着数着，胡小懒就睡了过去，然后好像忽然被什么惊了一下，立即清醒，一看时间，已经8点17分了！

"啊啊啊，晚了晚了！"胡小懒赶紧跳起来，手忙脚乱地去找衣服。"啊啊啊，那件条纹衬衫我放哪里了啊？昨天好像还在衣柜里看到过，怎么没有，怎么没有？"本来乱七八糟的衣柜，这一顿翻腾就像遭了二次抢劫似的，不过那件条纹衬衫依然没能豁然出现在眼前。

一个拖延成病的人居然还如此挑剔？当然不是，真实情况是：现在除了那件条纹衬衫，胡小懒已经没有别的干净衣服可穿了！因为，他已经有三个礼拜没有洗过衣服了，他总是想多攒几件衣服一起洗，最终导致了今天的窘迫局面。

好一阵手忙脚乱，胡小懒终于在衣柜的角落里找到了那件皱皱巴巴的条纹衬衫，不管三七二十一，套在身上就往楼下冲。这时，胡小懒看了一下手机，已经8点33分了。

"哎，又要迟到了！"唉声叹气的胡小懒算了算，自己这个月已经迟到了3次，而公司规定迟到3次以上，要扣100元。与其扣掉100元，还不如打车划算。想到这里，他立即在路边招手拦了一辆出租车。上车后，胡小懒一路催促司机快点开，可早上车多根本快不起来，到公司楼下时，已经8点57分了。

看着一楼大堂那长长的等电梯的队伍，胡小懒咬了咬牙，决定爬楼梯。公司在16楼，他一路飞奔，在累到半瘫之前终于爬到公司。打卡的时候一看时间，刚好9点整。

胡小懒休息片刻后，开始跟同事Kay吐槽自己今早的遭遇，顺便还炫耀了一下自己精明果断地决定爬楼梯，最终卡着点打了卡。

Kay却不紧不慢地来了一句："早上8点40分之前乘电梯根本不用排队。"

胡小懒顿时郁闷了。

Kay根本没注意胡小懒的感受，接着说："如果你早上早一点起床，你不仅可以在家吃早餐，还可以不慌不忙地走去地铁站，到公司也可以直接乘电梯上楼，还可以在其他人来公司之前悠闲地列出今天的To-

Do-List，为一天的工作开个好头。退一步说，就算你起来晚了，只要你平时每天都把当天的衣服洗干净，定期整理衣柜，那你早上就可以很快找到要穿的衣服。如果你昨晚就能把今天要穿的衣服准备好，那么即使你晚起几分钟，也还是不会迟到的。这样，就能省下打车的钱。你平时不总嚷嚷着要攒钱吗？从你家打车到公司要30多块吧？"

听Kay这么一说，胡小懒有点傻了，从来没想过自己陷入拖延已经这么深了，并且自己一点也没有感觉。本能地，他还想为自己辩护几句，但一想到那张36元的打车票，立即就偃旗息鼓了。

💡 戒拖小贴士

1. 要想攻克"拖延症"，必须先在心理上足够重视。

2. 你的拖延其实已经远超乎你的想象，戒拖先从细微之处做起。

除了你自己，没人能偷走你的时间

前几天，胡小懒在网上遇到了高中同学周舟。周舟大学读的是法律系，现在已经是一名小有名气的律师。每天为各种官司案件忙得不亦乐乎，钱也赚了，还娶了个如花似玉的媳妇，孩子都已经一岁半了。

而胡小懒却一直单身，虽然毕业六年了，却一直混在民营小公司，不上不下地凑合着。工资不高的他也没攒下多少钱，全部存款加起来还不到十万元，不如周舟一年攒得多！

那次与周舟的聊天对胡小懒来说相当不愉快。对于周舟所谈到的房子、车子和股票这些"现实"的东西，胡小懒都不了解；而对于出国旅行、事业发展这些"高大上"的东西，胡小懒更没什么可说的。

胡小懒认真回想了一下自己这些年是怎么过的，顿时觉得非常惊恐。"自己怎么变成这个样子了，每天都浑浑噩噩的，以前那个自律、上进的好青年哪儿去了？"

胡小懒还记得刚出校门时，他还会认真地规划职业生涯，计划积累几年经验后创业或跳槽到大的外企，可现实却是他在一家小公司一待就是六年。

这并不是说公司对胡小懒多么好，或这份工作多么有发展空间，而是胡小懒的拖延症实在是太严重了。

胡小懒毕业时恰逢经济危机，只能勉强找一份工作先凑合着。第一年的时候他还想着跳槽，也刚好有一家公司向他抛出了橄榄枝，这家公司让他准备一份英文简历。由于怕麻烦，胡小懒就一直拖着，直到那家公司招到人了，他都依然没有做好英文简历。再后来，也曾有过跳槽机会，最后也因他的拖延不了了之。有一次，一家招聘单位为了考察胡小懒写策划案的能力，让他回去做一个策划案。胡小懒觉得这槽跳得太麻烦了，还要做方案。不用说，这次机会自然也就错过了。就这样，年复一年，胡小懒终于成为这间小公司的老员工。

其实，胡小懒刚上班时还是比较勤奋的。每天都要看看策划方面的书，会研究公司前几年的策划案。可当胡小懒慢慢上手后，就开始变得得过且过了。

就这么浑浑噩噩地过着，一转眼自己离开校园已经六年了，如今还是一事无成。胡小懒心里也常常感慨："这些年的时间都去哪儿了？"

其实，有这种感慨的人还不在少数，胡小懒身边就有好几位，大家平时聊天时也总会发发这种感慨，然后该怎么过还是怎么过。

胡小懒最近算了一笔账。公司规定：迟到3次以内，每次扣10元，超过3次的，每次扣100元。胡小懒平均每个月迟到6次，也就是每个月都要被扣330元。这个数字深深地刺痛了他的心！他每天朝九晚六，忙了一个月，到手的工资也才5000元，330元相当于他一天半的工资！一年下来就是3960元。他忽然发现，拖延造成的损失如此之大。

胡小懒又算了算，每天等电梯就要浪费10分钟，1个月上班22天就是220分钟，1年12个月就是2640分钟。而他上了6年班，那就是15840分钟，相当于264小时，也就是11天。想想有那么多的时间浪费在排队中，胡小懒觉得有些可怕。

很多人都在问：时间去哪儿了？可事实上，除了你自己，没有人能够偷走你的时间。

你可能决定不了自己上什么大学，去哪座城市，做什么工作，但却能决定如何去利用你自己的时间。你可以选择稀里糊涂地混日子，也可以选择把每一天过得圆满、充实。

为了增强自己的时间观念，更好地进行自我管理，胡小懒写下了如下口号，并打印下来，贴在正对着床的墙上，以保证自己每天一起床都能看见：

时间就是金钱？

NO!!!

时间比金钱更珍贵！

时间就是生命？

YES!!!

没了时间你就没了生命！

胡小懒你每天排队等电梯浪费10分钟，

一个月220分钟，

一年2640分钟，

这些你都知道吗？

每个人每天的时间都是有限的，对于像胡小懒一样的上班族而言，朝九晚六，一天至少要在公司待上9个小时，除去通勤、吃饭和睡觉所占用的时间，一天中真正可自由支配的只有四五个小时。

在胡小懒大学毕业刚进入社会时，正是奋斗的好年华，应该抓紧时间趁着年轻多打拼，但胡小懒却错误地认为自己还年轻，还有大把的时光可以用来挥霍。

几年后，昔日的同窗好友已事业有成，他却与毕业之初区别不大。时间的流逝、岁月的增长、工作资历的积累，并没有给胡小懒带来多少增值。

相反，周舟则是抓紧点滴的时间努力打拼，在二十七八岁时就已经收获颇丰。不仅如此，两人对时间的观念不同，也将对他们未来的生活带来不同的影响。拖延症患者倾向于享受眼前的乐趣，忽略未来的得失，因此将事情一拖再拖。他可能会拖着不去了解养老保险和医疗保险的相关知识，也不去想为自己积攒养老金、为儿女积攒教育基金，因为他觉得："自己现在连女朋友都没有呢，想这些是不是太早了？"

有拖延习惯的人成为月光族的概率也会高很多。因为将来在他们看来是虚幻的，所以他们不愿意为了未来的时间去付出。而周舟这种人生目标比较明确的人，则会与胡小懒相反。

但所有被推迟、被拖延的未来都会到来，将来一定会让你付出更多的时间和精力。就像有句话说的那样："出来混，迟早是要还的。"

戒拖小贴士

1. 不要把事情都安排在不可预知的明天，不珍惜今天的人，明天也只是美好的想象。

2. 找出被你浪费的那些琐碎时间（如等电梯），想方法尽量减少它或让它过得更有价值。

你有多少说走未走的旅行

"人的一生至少应该有两次冲动，一次为奋不顾身的爱情，一次为说走就走的旅行。"这句网络流行语让很多人为之着迷，心中不免涌起跃跃欲试的冲动。

环游世界似乎已成为现代年轻人共同的梦想，每个人的心中都有着看遍世界美景的念头，世界那么大，我想去看看。然而，很多人可能终其一生都没有机会拥有一场奋不顾身的爱情，毕竟，爱情是两个人的事。但"说走就走的旅行"就完全不同了，你可以在自己的主场上决定何时出发、去哪儿……

家境并不富裕的胡小懒也渴望环游世界，但由于条件限制，他很少出去过，甚至选择的大学也不过是邻省的学校。没有留在省内，就是想多见识一下。那一年，十八岁的胡小懒对自己说："大学期间一定要走遍大学所在的 A 省。"可入学后，虽然课业负担不重，但胡小懒总是想等到攒够了钱再去，可钱多少才算够呢。四年时间匆匆过，等到毕业时胡小懒发现，自己对这个待了四年的省份还是那么陌生。

胡小懒将这一切都归罪于自己还不能挣钱。他觉得等自己挣钱后，一切都会好起来！丽江、大理、香格里拉、凤凰、九寨沟、拉萨，甚至是韩国、日本、马尔代夫、法国、荷兰、意大利，想去哪里就去哪里。

理想很丰满，现实很骨感。毕业六年的胡小懒去过的地方还是寥寥无几。有段时间，朋友圈流行晒脚印，把自己去过的地方在地图上标出来，看看能够打败全国多少的人。

胡小懒对着自己手机上只有星星点点脚印的地图很是伤感。再看看好友们的，胡小懒发现，许多平时不显山不露水的朋友竟然去过那么多地方。

于是，三月份的时候，胡小懒决定"五一"期间跟同事Frank一起去泰国。胡小懒怀着激动万分的心情在网上查资料，发现泰国游的旅行团两三千元就可以搞定，他把链接发给Frank，可Frank告诉他，这种旅行团一般都是坑人的，而且一点也不自由。Frank喜欢的是自由行，可以自己做攻略，但胡小懒却觉得自己做攻略太麻烦了。要查网站订机票，要看评论选择合适的酒店，还要提前查好路线和交通工具，以便更好地规划好行程。这个工程对胡小懒来说是浩大的，不过Frank说自己可以搞定机票、住宿和交通，胡小懒只要查好景点的情况就可以。

两人就这么分好了工。胡小懒看到Frank每天都不睡午觉，在电脑前对着国外航空公司的网站浏览信息，也不好意思闲着，就打开旅游网站看攻略。胡小懒看完一篇泰国攻略后，发现这个作者旅行经历丰富，还去过欧洲等其他地方，他就继续点开来看该作者的希腊游记……

几天过去了，Frank已经查好了廉价的航空班次，还预订好了酒店，就等着跟胡小懒一起抢航空公司放出来的特价机票了，可胡小懒这边却毫无进展。原来他沉迷于旅行达人的游记分享，还一连关注了其他几位达人，把他们写的所有文章都看了个遍，成为了旅行达人的忠实粉丝。而对去泰国的行程规划，胡小懒除了从那些旅行达人的游记中得到了一点模糊的印象外，没有任何具体的规划。无奈之下，Frank只得自己重新制订行程规划。

在买机票当天，胡小懒却退缩了，他告诉Frank，自己不仅没出过国，更没有自由行的经历，英语也忘得差不多了，还听说泰国游客多而且复杂，再加上预算也不多……胡小懒越想越觉得不靠谱，直接就打起了退堂鼓。Frank见劝说无效，就自己一个人兴致勃勃地规划起旅途来。

胡小懒也没闲着，他联系了大学同学萧克，约他一起去西安。萧克比胡小懒还懒散，这次旅行行程的一切事宜都要胡小懒搞定。胡小懒在网上查看西安的行程攻略时，发现"五一"期间火车票太难抢，机票还有点贵，心里便萌生了放弃的念头。无巧不成书，这时，恰好萧克跟胡小懒说"五一"期间女朋友要过来，不能跟他一起出去玩了。胡小懒正好就坡下驴，取消了去西安的行程。

最终，胡小懒的"五一"假期就在家中度过了。

他一个人宅在租住的房子里看电视、打游戏，几天的假期很快就过去了。上班后，胡小懒发现办公桌上放着Frank带回来的旅行纪念品，午休时Frank兴高采烈地跟大家分享他的泰国经历。胡小懒一边听着，一边有些发酸地想："如果自己当初跟Frank一起去，那现在也有经历可以跟大家分享了！或者，哪怕是一个人去趟西安也比宅在家里好啊。"

这种悔不该当初的例子在生活中确实不少见，许多人总爱以"等有钱了再去""这次没约到伴"等借口来无限期地推迟旅行计划，但"以后""下次"几乎都成了"传说"。

这种拖延心理的产生源自于内心对未知事物的畏惧，当人们对自己的能力不自信或持怀疑态度时，往往很容易选择拖延来逃避。比如胡小懒，对于去泰国这件并不困难的事情，他总是前怕狼后怕虎，十分担心出现意外状况。而在行动派的Frank看来，胡小懒的担忧都是小问题，完全可以解决。然而，对于资深拖延症患者胡小懒来说，一切都是大问题。

在查看旅行攻略的时候，胡小懒的注意力又被旅行达人所写的各种游记所吸引，不知不觉中就忘了该做的事，浪费了时间。

胡小懒身上的畏难和注意力分散这两个毛病是很多拖延症患者的通病。日本著名漫画人物樱桃小丸子也是个典型的例子。在动画片里，我们经常可以看到这样的情景：马上就要开学了，小丸子的假期作业还没有完成，需要全家总动员来帮她赶作业。小丸子总是在该专心致志地写作业的时候，磨磨蹭蹭，一会儿看漫画，一会儿吃点心，一会儿煲电话粥……时间一晃而过，夜深该睡觉的时候，作业却没还完成。但这时候，实在支持不住的小丸子就想还是先睡吧，明天早一点起床做作业，可贪睡的她必然是起不来的，第二天理所当然地受到了老师的批评。

虽然胡小懒比永远长不大的樱桃小丸子年长十多岁，可二人身上的拖延习性却差不多，算得上是拖延苦海里的难兄难妹了！

拖友们，那些年，你曾想过去多少地方旅行？又真正去了多少？这些你都还记得吗？让我们一起重拾那些年不曾实现的旅行计划，来一次说走就走的旅行吧。

💡 戒拖小贴士

1.谨记做事目的，让自己更加专注，莫为乱花迷乱心。

2.坚信自己的实力，永远不要失去自信，绝不因一时的畏惧而错失远方的风景。

上班族：电脑一开一关，一天工资到手

每天早上迷迷糊糊起床，匆匆忙忙洗漱，来不及吃早饭就奔向地铁站或公交站，到公司后第一件事就是开电脑，然后登录QQ和微信。一天的上班时间就在看看娱乐新闻、跟同事八卦一下、逛逛淘宝、玩玩手机、收收快递中结束。真正用在工作上的时间，可能还不到一个小时。

不要以为上面的描述是个例。事实上，很多都市白领的日常工作状态就是如此，甚至还有不少人正在为自己会偷懒、混日子而感到沾沾自喜。

正如前文所说，除了你自己，没人偷得走你的时间。一个人一旦对自己放松了要求，霉运也将随之降临。公司的每个岗位的设置都有目的，有岗位职责，如果将自己的工作推脱给别人，或者是一直拖着直到最后关头才完成，往往会产生不可估量的严重后果。

胡小懒日常的工作状态基本可以用"电脑一开一关，一天工资到手"来形容。

每天一打开电脑，胡小懒做的第一件事就是登录QQ和微信，接着就逛BBS论坛，接下来的一两个小时就看看当天的新闻，跟QQ上的老友胡扯几句，再回复几封邮件，跟同事八卦一下……一上午很快就过去了。真正工作的时间往往连半个小时都不到。

中午，胡小懒跟公司的同事去附近的餐馆吃饭，附近所有的餐馆都人满为患，往往需要等位，午餐时间至少需要45分钟。吃完午饭回来，趴在桌子上睡个午觉，午睡醒来后，胡小懒往往觉得这一天才真正开始。

通常，胡小懒要用至少半个小时的时间才能从午睡状态中清醒过来，再处理一些琐事，下午就这么过去了。如果部门开会，时间就在领导的演讲和大家低头玩手机中度过了。

下班后吃点东西，坐地铁回到家，已经八点左右了。他虽然白天在公司没做什么事情，但下班回家后仍然觉得十分累，除了窝在床上看美剧之外，别的什么也不想做。

胡小懒临睡前看着乱糟糟的房间，眉头一皱，但心里却乐观地期待着周末的到来，想着周末一定要大干一场，让整个房间焕然一新。可周末到了，就真的能够像他自己期待的那样吗？

胡小懒的周末通常是这样过的：宅在家里，随便找部美剧或者网络小说打发时间，觉得日子过得很惬意。朋友邀请过他很多次，想周末一起吃个饭，但胡小懒都以"下次吧"敷衍了过去。因为他觉得，好好一个周末，还需要像平时一样穿得周周正正地出门，还得坐车去到约好的地点，真是太烦人了。

就这样，与胡小懒联系的朋友越来越少，而他自己根本就没有意识到。

像胡小懒这样看似每天都有事做，实际上却是一直在混日子的上班族并不少见。而他们中的很多人并不觉得自己是在混日子，只是怀才不遇。

爱因斯坦在解释相对论时曾说过一个著名的比喻："一个男人与美女对坐1小时，会觉得似乎只过了1分钟；但如果让他坐在热火炉上1

分钟，却会觉得似乎过了不止1个小时。"

同样的道理，当我们在做一些轻松、愉快的事情时，我们会觉得时间过得很快。人都是有惰性的，对于绝大多数人来说，跟朋友在QQ、微信上聊天，上网看八卦，与辛苦工作相比更轻松，更有乐趣，因此人们会不自觉地迷失在这样的"快乐"状态中。

很多上班族的时间就是这样浪费的。他们整天坐在电脑前，老板往往以为他们确实是在努力工作，可事实上，他们只是轻轻松松又混到了一天的工资。

但他们没有意识到，他们以为的"快乐"状态，其实正是弗洛伊德所说的无意识状态。生活中，我们有很多无意识状态，比如视而不见、听而不闻，这些耳熟能详的成语就是典型的无意识状态最贴切的形容。

让我们回想一下，以下这些情况，曾经有多少发生在自己的身上。

1. 打开某个软件，却突然不知道自己想做什么。

2. 看着手机时被同事打断，等回过神来却发现怎么也想不起来刚才在手机上干了什么。

3. 对着电脑看了一上午的新闻，中午吃饭时想跟同事侃两句，却发现想不起来新闻的内容。

4. 写一个邮件，写着写着却突然不知道自己要讲什么。

5. 打开PPT，写上方案的名字后就开始对着屏幕发呆。别人以为你在思考，其实你自己也不知道自己在想什么。

6. 看到电脑右下角的时间后，突然一愣，怎么什么都没干，就到这个点了？

7. 下班关了电脑，突然觉得痛苦，认为自己又荒废了一天……

如果以上情况不止一次地出现在你的生活中，那就表明你每天的很多时间都已浪费在了无意识状态上。

很多时候，我们端坐在电脑屏幕前，手指不停地敲打着键盘，看似在认真工作，但脑子里却空无一物。我们自己都不清楚自己正在做什么，时间就在无意识状态中流逝。很多人隐隐约约地意识到了自己的困境，因此当虚度一天后，他们会觉得痛苦，但这种痛苦也是无意识的，只是出自内心深处的无力感，却并未意识到造成这种痛苦的真正原因。

快乐的状态大多是有意识的。我们快乐的时候，大脑能意识到这是快乐。而无意识的状态却会让我们觉得痛苦和失落。

所以，亲爱的朋友，如果你觉得每天上班工作内容不多，却仍然感到不快乐，回到家中后仍然觉得身心疲惫，回想一天的工作成果时又说不出所以然，那你很可能是被深度拖延带入了无意识状态，迷失了自己而不自知。

💡 戒拖小贴士

1. 认识到无意识引起的迷失，是走出深度拖延的开始。

2. 所谓浪费时间是个错误的说法，你能浪费的只是你自己。

学生族：上课发呆睡觉，考前抓腮挠头

胡小懒意识到自己既没有休息，又没有任何实际产出，每天有那么多时间都处于无意识状态后，他感到非常惊讶。

他对同事Kay说："我一直不知道，原来我过得这么迷糊，宝贵的生命就这么被浪费了几年！"

Kay听完胡小懒的解释后，也感到一阵心惊。他虽然没有胡小懒那般拖延成性，但身上也多少有点拖延的毛病。只是他自小家境困难，读书不多，特别珍惜现在这份工作的机会，所以工作特别认真，相应地拖延情况也就少一些。但Kay回想起自己读书的时候，也是"稀里糊涂就是一天""上课发呆睡觉，考前抓腮挠头"啊！

原来，Kay打小就是个顽皮的孩子，一直静不下心来。在课堂上也总是摸摸这儿、动动那儿，在被老师多次管教后，他索性就把旺盛的精力用在课间满操场地撒欢打闹上。一到课堂上，他就开始迷糊犯困。

胡小懒听到这里，连连叫道："哎呀，我读书时也是这样啊！不过我在课堂上从不睡觉，而是发呆。自己也不知道都干了些什么，好像一会儿摸摸铅笔，弄弄橡皮，传个纸条或者跟同桌说会儿小话，一节课的时间很快就过去了。结果完全不知道老师讲了些什么，但我总觉得不听这一两节课也无所谓。就这样，时间一天一天地过去，等到期

末考试临近，翻开课本时才发现有大半都是崭新的，因为平时自己根本没看过书，作业也是抄的同桌的。最后只能硬着头皮临时抱佛脚，结果自然可想而知。"

Kay认真地说："其实，虽然我家里穷，但如果我成绩好，爸妈肯定还是会愿意一直供我读下去的，他们也会为那样的我感到骄傲。只是，我却一直在虚度光阴。"

很多学生都跟胡小懒和Kay一样，平时在课堂上懒散糊涂，得过且过，到了考试临近才想着要临阵磨枪，拼命突击。但拖延的小心思总在蠢蠢欲动，最后又从"勤奋好学生"回到了"拖延懒学生"。等拿到成绩单，悔得肠子都青了，发誓下次一定要早点好好努力。

可惜，优秀的人一贯优秀，懒惰的人常常懒惰，拖延的人继续拖延。

拖延成性、毅力不佳的学生，总是将努力两个字停留在嘴上，一次又一次地下定决心要持之以恒地努力，可实际上却从月考到期中考试，由期中到期末，年复一年，直到高中毕业，都没能坚持努力，理想的大学只能是个梦想。最终在心里落得一声叹息，毕竟"努力——松懈——再努力——再松懈"的过程只要重复几遍，当初的信心再坚定也会被消磨殆尽。

然而，对大多数人来说，上大学以前的学生阶段，其实是培养自我控制能力的最佳时期。因为这时，有老师的督促，有家长的管教，每天的课都排得满满的，而一旦到了大学，必修的课程减少，每天只有两三节课，剩下的时间归自己掌控。除了学习，还得面对各种人生机会和问题，极易陷入迷失之中。

晚上，胡小懒躺在床上，回想高中时期的生活，他想到自己曾多次为高考发挥不理想而感到痛心，但一想到自己的高中是怎样度过的，就又觉得自己愧对了"发挥不理想"这个词。高中时，他仗着小聪明，在语文课上看数学书这种事情可没少做。身为文科生的胡小懒，数学一直是他的软肋，因此，他经常在语文、政治等自己擅长的课堂上私下看数学书，做数学习题。但这种事，胡小懒只能趁着老师在黑板上做板书的时候偷偷地做，常常提心吊胆。时间一长，胡小懒觉得太辛苦了。于是就干脆什么都不做了，转而去看操场上那些上体育课的同学。短短的45分钟，他就在这种状态中度过了。

想到高考后，多年同窗好友被名校录取了，而自己只能去一所不理想的学校时，心里的悔恨和悲愤之情油然而生。在去大学的火车上，他执意不要父母陪同，一个人坐在卧铺过道的座位上，面对窗外一闪而过的风景，在笔记本上认真地写下了自己的大学计划。

他还记得自己在封面上写下了"胡小懒，再不要让拖延毁了你自己"几个大字。只是时过境迁，高考已经过去十年了，自己似乎与当初那个悔恨的少年并无两样。过去的生活，并未像期许的那样度过，反而日复一日很快消逝在懒散中。

常言道，"莫欺少年穷"，因为年轻就意味着无限可能，然而无限可能的前提则是努力。当你还是校园中白衣飘飘的少年，你拖延、懒散、迷糊，校园也依然会如慈父一般，静静地将你送走。然而，你可以告别校园，却不可以告别人生。人生路漫漫，你真的愿意这样一路挥霍下去吗？

马云说过："梦想总是要有的，万一实现了呢。"可是，实现梦想的阶梯也是需要一步步搭建的。

"罗马不是一日建成的"，梦想的阶梯也不会在幻想中突然出现。

要想实现心中的理想，过一种永不后悔的生活，请从此刻开始远离拖延。

戒拖小贴士

1. 此刻的拖延，或许不会立刻产生不良后果，却终将会在你未来的人生里以某种方式呈现出来。

2. 自我控制力，是搭建梦想阶梯的重要条件。

3. 所谓成年人，就是能对自己的人生真正负责的人。拖延则是最大的不负责。

【解读】人为什么会拖延

　　很多人都受到拖延症的困扰。我们在网上下载了一大堆电影、纪录片，最后却是拿来塞满硬盘，从没看过；我们买回一大堆书，准备读完这些名家巨著、哲学经典来充实自己，可实际上这些书跟着你回家后，放在书架上就再也没拿下来过，日复一日地积累灰尘。

　　尽管如此，我们仍然乐此不疲地下载一部又一部的电影，买一本又一本的书，以为未来的某天，自己会良心发现把它们看完。结果只是硬盘越塞越满，书越堆越高，然而却都跟你的计划无关。

　　那么，为什么人们普遍都有这种拖延的行为呢？心理学家通过研究认为，造成拖延症的原因有以下几种：

1.压力过大

　　工作越多、压力越大，越容易拖拉。还有人深信，他们在重压之下将工作得更为出色；或者把事情往后拖一拖能让自己的感觉好一些。

2.害怕失败

　　拖沓者害怕失败。所以，他们宁愿被别人认为是没有投入足够的气力，也不愿意被人认为是没有足够的能力。

3.完美主义

有的人太想把一件事情做好，想着各种各样的计划，却一直都没有行动。完美主义者太在意别人的看法了，他希望讨好别人，他总在担忧自己不完美就没有人会喜欢。

4.不懂自我控制

比如，在写年度计划的时候，停下来吃点夜宵，然后觉得冰箱有点脏，想清理一下，最后把整个厨房都打扫了。

5.强迫倾向

这些人总是会不自觉地寻找自己愿望的对立面。结果就是：越想往前，就越往后。有些人天天下决心要早睡，却熬到三更半夜，这既是拖延症，也是强迫症。

6.不自信，易逃避

从心理层面分析，有一部分人对工作能力不自信是导致拖延行为的一个重要原因。"心理专家认为，工作上曾遭遇过重大挫败，对自己不够自信的人，容易产生逃避心理，常以疲劳、状态不好、时间充足等借口来拖延工作进度。专家认为，这部分职场人实际上很在意别人如何看待自己，他们更希望别人觉得他时间不够、不够努力，而不是能力不足。

7.任务重复，缺乏动力

日复一日的工作中，工作任务经常重复、没有挑战性，却不能由自己来把控，而是必须去做。所以，你做起来觉得没有新鲜感或满足感，久而久之就容易出现懒散、拖延的情况，这属于动力问题。这种拖延表面上是意志力不够，实际上是动力不够。不喜欢的工作也一定要做，那就等非做不可时再做。

以上种种因素，很多时候还是相互作用的，所以，一旦陷入拖延的漩涡，很难通过解决掉某一个问题而使自己回归正常状态，这也是拖延症患者戒拖困难重重的原因。

关于上述因素的形成，本书后面都会通过案例深入分析，并有针对性地帮助各类拖延症患者。

第**2**章

防拖进行时：
这些方法把"入拖"概率降到最低

习以为常的东西总是难以被人重视，正因为每个人身上都有拖延症，所以我们才最容易忽视它。只有对拖延足够重视，才能避免越陷越深，并尽早摆脱它。

莫把拖延不当事儿

　　繁忙的日子一天天过着，似乎每一天都很充实。然而，这种充实很可能只是一种假象。

　　胡小懒在微信朋友圈里经常看到，朋友们在半夜十一二点晒加班照和公司夜景，并附文字："选择了怎样的路，就选择了怎样的生活。自己选的路，跪着也要走完。加油！"这是他们此时的心情。更有人在夜半时分晒美食，妥妥地拉了一把仇恨，并配上"加班晚餐"几个字，又深深地炫耀了加班党的优越感。

　　是的，你没看错，就是"优越感"。虽然很多人可能还不太理解，但不知从何时开始，在社交网络里秀加班，俨然已成为某些人获得优越感的一种方式。似乎发了与加班有关的图片，就意味着自己真的一直在努力工作，没有虚度光阴一样。

　　可事实呢？你的加班可能是你白天磨磨蹭蹭不干正经事所导致的，也可能是明明早就该完成的任务，你却偏要拖到最后一刻才去完成。这本应告诫自己好好吸取教训，远离拖延，却变成了某些资深拖友炫耀自己是奋斗小青年的方式。

　　曾几何时，胡小懒也是其中一员。与大多数拖友一样，胡小懒并不抗拒承认自己有拖延症。可他总觉得这不算是大毛病，并不会对自己的生活和工作产生很大的影响。很多人也都是如此，一提起"拖延症"三个字，往往不由自主地用起了轻描淡写的语气："不就是拖一点吗？这还叫个病？再说了，这年头大家都这么忙，有时难免有些事会往后拖一拖，有什么大不了的！"

是啊，大家都忙，而拖延症就在众人漫不经心地对待它的态度中蔓延开来。当人们终于意识到自己原来不是偶尔推迟，而是习惯性拖延后，往往已经陷入深度拖延症状中不可自拔。

胡小懒算是第一批玩微信的人。当然，那时候他用微信的目的并不那么"纯洁"。人人都有虚荣心，他希望在朋友圈将自己塑造成一个更好的人，以此吸引到一两个美女。于是，胡小懒经常在朋友圈发加班的照片和励志话语。如果你翻看他的朋友圈，会误以为这么努力的人应该有个很好的工作，不是金融高富帅就是互联网精英，即使两者都不是，也是个名副其实的上进小青年。可事实上，胡小懒只是一个寻常的小策划。每天的工作任务并不繁重，但他确实经常在办公室加班，加班的原因当然是拖延。

单纯地推迟某些事情，未必称得上是拖延症，毕竟谁都不是闹钟，不能什么事情都做到按时准点。但当你已拖延成性，并成了长期的习惯，严重影响到你的生活，频频让你出现强烈自责、无助、负罪感、自我否定、焦虑、狂躁、抑郁等负面心理情绪时，拖延就已发展为一种心理病了。

拖延的人总是倾向于将今天的事情放到明天去做，然后明日复明日，直到最后造成不可挽救的恶果。胡小懒终于开始正视自己身上的这个问题，这要缘于上个月发生的那件事。这件事让胡小懒从几年的拖延生活中清醒过来，有了真正意义上的戒拖想法。

胡小懒的公司主要面对的客户是国内的中小企业，而上个月，在一次机缘巧合之下，公司有了跟某大型企业提案的机会。老总非常重视这次提案，在方案策划阶段，就把公司的策划精英们都集中到一起开会。老总语重心长地说："我们公司能不能拿下这个大客户，凭此跨上一个新台阶，就靠你们几位大将了！"

胡小懒在公司待的年头多，经历过的项目多，也被老总归在精英里面。几个策划大将连着几天熬夜开会，终于定下了方案的大体思路，接下来就是提案PPT的撰写。几个人分了工，每个人负责一个版块，回去就开始动工。可别人动工了，胡小懒却仍未开工。

他心里明白这次提案对公司的重要性，在公司待了多年的他，很期望升职加薪，所以自然也希望公司发展得更好。

于是，胡小懒打开PowerPoint，在首页上打下了自己负责的版块名字，开始去各大数据库搜集资料。等他觉得资料下载得已经够多了的时候，发现半天的时间早已过去，再看文件夹里那么多资料，胡小懒觉得自己就是看上几天也未必看得完，更无法提出有效的方案。

他突然想到老同学Leo在这个大客户集团下面的一个分公司工作，于是他决定走捷径，给Leo打了电话。

两个人通过电话后，胡小懒发现Leo虽然在客户集团，但由于已经是不知道多少级下面的分公司了，对胡小懒所说的提案完全不知情。不过Leo倒是很热情，答应胡小懒在公司内部帮忙打听一下。于是，胡小懒一下午的时间就在与Leo发生诸如此类的对话中度过了：

"小懒，你说的是这个项目吗？"

"不是的。"

"那到底是什么项目？"

"……"

"算了，我也听不懂，我帮你把电话给我们同事老张吧，他在这里待了十几年了，特别熟。"

一个个地介绍下来，胡小懒还是没得到对自己的提案有帮助的任何信息。等到下班时，胡小懒看到同事都积极地加班，他只好也跟着一起留在公司。

胡小懒在网上不断搜索着相关资料，本来想着晚上加班效率会高一点，但他一会儿看看自动跳出的娱乐新闻，一会儿点击下微博上的热门话题榜，又把时间浪费在无关的事情上。晚上11点多，胡小懒看着只写了个标题的PPT，心里有点慌，但也只能关电脑回家。

第二天，胡小懒一到公司就准备好好做方案。可在把目录框架列出来之后，他就接到了Leo的电话，在听了很多关于客户的八卦后，他又东摸摸西蹭蹭，一晃就到了下午四点该汇报方案了，他才发现别的同事都已经把自己的部分做好，而自己却只做了一个目录，他只能匆匆忙忙地随意拼凑出了一点内容。

老总对胡小懒这种老员工还比较客气，他问胡小懒是不是已经构思好了，只是没来得及写，建议他先跟团队分享一下自己的思路，而胡小懒显然并没有思路。

老总明显很生气，却什么都没说，直接把胡小懒负责的内容分给了其他人。

接下来的几天，胡小懒只能呆坐在座位上，看着团队中的其他人忙来忙去，而自己却只能无所事事。虽然他曾经幻想过这种上班不做事光拿工资的生活，但事实证明，这样的日子并不好受。

这次事件对胡小懒的触动非常大，他回去后深思自己为什么会做出这么不专业的事情。原来自己在以前做策划方案的时候，早已经习惯了拖拉，而每每总能在最后关头完成任务。长期下来，他就只记得伤疤不记得痛，只记得自己最后终归是完成了任务的，而不记得在最后赶工时身心所遭受的痛苦。只是，幸运不会每次都降临。

习以为常的东西总是难以被人重视，拖延症正是这样一步步在我们的身上变得越来越顽固，最终将我们拖入无底深渊。所以，对待拖延症，首先是要有足够的重视，然后才会想办法去克服它、摆脱它。

戒拖小贴士

1. 很多时候，你的努力只是为了弥补拖延带来的恶果，你并没有想象中的那么勤奋。

2. 还有明天的想法，是一种病态的悠闲。

3. 习以为常的拖延，是你成功路上难以逾越的障碍，摆脱它，你才有未来。

告诉所有人，你要戒掉拖延症

"罗马不是一天建成的"，同样，拖延症也不是一天养成的，那么，戒拖也不是一两天就能解决的事情。胡小懒自从认识到拖延症的危害后，就开始研究有没有好的办法能够尽快戒掉它。

以前，每天早上去公司的路上，胡小懒不是在车上发呆，就是匆忙赶路，再不然就是低头看手机。这几天他开始试着丢开手机，边赶路边在心里给自己规划方案和安排戒拖进度。

到公司楼下时，胡小懒刚好遇到同事Kay便一起等电梯。Kay故意说："今天终于没迟到了啊。"

胡小懒脱口而出："我准备改掉拖延的毛病，以后争取少迟到，最终不迟到。"

Kay听到他的话后，表情一下子变得认真起来："小懒，你终于意识到拖延是个大毛病了。这就对了。这个世界上聪明的人有很多，可真正有成就的聪明人却很少。因为大多数人都有拖延症，做事情总喜欢拖拖拉拉，在遇到机遇时，往往也就这么错过了。你现在决定戒掉拖延症，真的是太好了！我一直觉得你这个人挺聪明的，学历也不错，不应该就这么混在咱们这家小公司，你应该有更大的发展！你戒拖，我第一个支持你。小懒，加油！"

胡小懒听到 Kay 这一番话后，心里充满了感动。他一直以为自己在同事眼里应该就是个混日子的宅男，没想到还有人这么肯定自己，内心瞬间充满了动力。

像胡小懒一样羞于在外人面前说出自己的戒拖计划的人其实很多。很多人担心别人知道自己戒拖后，会产生诸如"你的拖延症到底有多严重啊""是不是最近事情少了，你闲得没事做才想戒拖"此类的怀疑，因为毕竟在当今这样一个大家都觉得拖延症是小事的时代，正儿八经地告诉别人"我要戒拖"，反而会给人一种小题大做的感觉。

因此，人们只将戒拖的想法秘密地封存在心底，即使是对亲朋好友也不愿袒露。然而，这种仅仅是埋在心底的决心，可能只会坚持几天，就无疾而终了。

我们都知道，环境会对一个人的思想行为产生很大的影响，甚至有时候会超越遗传因素对人的影响。

科学家曾发现过这样一个案例：有一对同卵双胞胎的男孩，两个人在刚出生时因意外导致分离。一个被带到中等收入的美国家庭中长大，另一个则被带到穷苦的非洲农村长大。二十年后，双胞胎的父母跨越重重困难，终于找到了两个孩子。他们发现，两个孩子虽然在外貌上十分相似，然而，两个人的命运却有着极大的不同。

在美国家庭长大的孩子从小过着幸福快乐的生活，不仅积极参加社区组织的各项公益活动，还在学校里过着丰富多彩的社团生活，并成功地申请到了一家不错的大学，读着自己喜欢的医学专业，立志今后要成为一名治病救人的医生。与他交好的同伴也都是有着明确目标的美国大学生，每个人的心态都很好。他觉得这个世界是美妙神奇的，对今后的人生也充满期待。

而在非洲长大的孩子则有着与他截然不同的童年。在生活上，他经历过了太多的困难，缺衣少食是常态。在学习上，他没正经读过几年书，只会写自己的名字和进行简单的阅读。十几岁时，他常和村子里的同伴一起去跟其他村子里的人打架、争抢水源，他的同伴们大多是混一天算一天、对生活没有明确目标的人。20岁时，他早已成为一名三岁小孩的父亲，当然，他的孩子过的生活和他之前几乎没有分别。他认为这个世界糟透了。

这个案例告诉我们，遗传往往只能决定人的外表，环境对于一个人的思想和行为有着非常重要的影响。在健康、良好的环境中长大的人，会对世界有着积极的看法，对未来充满期许；而在贫穷、黑暗的环境中长大的人，则对未来不抱希望。

具体到拖延症患者来讲，如果周围的人都懒散拖拉，那么拖友很可能会觉得自己的拖延症也没什么大不了的，毕竟谁不是这样的。而如果周围的人都严于自律、积极向上，那拖友就会很容易意识到自己的问题，进而产生改正的想法。

我们生活的环境，既有拖延成病者，也有自律相当好的人，在这种"中和"的环境下，拖友们有时会对自己的拖延产生自责感，有时又会觉得好像周围的人都是如此，拖延一点也没什么。

很多人在有了戒拖念头之后，总是羞于在他人，尤其是熟人面前承认。就像读书时学霸们总是说自己回家从不复习一样，人们倾向于把自己的努力藏起来，仿佛他人知道了自己的努力，就丢了面子一样。

尤其是在成人社会更是如此，因为生活的种种压力，成年人比学生更容易自嘲和嘲讽他人。当一个人自己没能取得成功并看到别人努力时，往往会做出讥讽和打击的举动。

胡小懒之前也是抱着这种怕被嘲讽的心态，特别怕在同事朋友面前承认自己准备戒掉拖延症。然而，事实却是，大部分人对别人的努力都抱着善意的想法，人们都喜欢积极努力、上进奋斗的人，当他人知道你正在计划着戒掉拖延症时，大部分人不仅会对你报以善意，甚至还会积极主动地给你很多建议，向你敞开心扉地袒露自己也曾有过的类似心路历程。

而将自己的计划告诉同事的胡小懒，不但得到了 Kay 的很多良好建议，而且，当他早上想多睡一会儿的时候，一想到同事 Kay 会嘲笑自己戒拖行动没坚持几天就半途而废时，他就会跟自己赌一口气，麻利地起床。

所以，把你的戒拖计划告诉别人至少有以下几个好处：

得到他人的支持和鼓励，增强自己的动力。

得到他人的戒拖经验之谈，提高成功率。

在想半途而废时，想想已经告诉别人要戒拖，爱面子的自己一定会又有了动力。

在周围营造戒拖的气氛，良好的环境会促进戒拖计划的执行。

如能让更多志同道合的朋友加入，一起戒拖的成功率会更高。

戒拖小贴士

1. 张开口，跟别人说你要戒掉拖延症。
2. 坚持不下去时，多想想你曾说出的话。

过于完美的计划，真的很难执行

在胡小懒二十多年的经历中，也并不是没想过戒拖，他也曾信誓旦旦地在电脑上列出过每天的具体计划，计划甚至详细到连每分钟要做什么都列好了。胡小懒曾经的一份日程表是这样的：

早上：6:00-6:10 起床准备

6:10-6:20 洗漱穿衣

6:20-6:25 出门坐电梯

6:25-6:55 绕着小区跑步

6:55-7:15 去小区门口吃早餐

7:15-7:20 走路去地铁站

7:20-8:00 坐地铁到公司

8:00-8:30 在公司学英语

8:30-8:40 开电脑、泡咖啡

8:40 喝咖啡，精神抖擞地准备开始一天的工作

后面的日程表不用放上来，我们也能看出他这份日程表的问题出在哪儿——太过完美了。

　　某些具有拖延行为的人，并不是他能力不够或努力不够，只是完美主义观念迫使他们做事时会要求尽善尽美，会付出很大精力将事情做到极致，以求不出任何差错。对某些工作，如财务和科研，完美主义是非常有必要的，毕竟在某些领域失之毫厘则谬以千里。但在普通人的生活中，如果以完美主义的标准将24小时要做的事做细致地划分到分钟，那将是一件非常难以实现的事情。

　　曾有学霸在网上公布自己的复习时间表。每天的规划比胡小懒的日程表还详细，且一天只休息4-5个小时，大部分的时间都处在紧张的学习中，网友们也纷纷表示佩服。可学霸的习惯不是一天就能养成的，多年保持的良好自律品质，能让学霸们适应这种紧张的日程，但并不代表如胡小懒一般的拖友们也能够适应。

　　先不谈胡小懒制定这份日程表花了多少时间，对于懒散的人来说，要一下子突然以极端完美的准则来要求自己，真正能实现的可能性有多少呢？

　　果然，两天后，胡小懒在翻到电脑里的这份日程表后就有些羞愧了，想想自己制定日程表后又是如何执行的？"天哪，我好像连一条都没有做到过！"胡小懒悲催地感叹道。

　　原来，胡小懒前天晚上还决定第二天要严格按照日程表来执行，可第二天早上，生物钟让他忽视了一直在响的闹钟。等他醒来之后，又是如往日一样匆匆忙忙地赶着去上班。而到公司后，他觉得既然早上都没执行今天的日程表，接下来还执行什么呢？今天还是放弃，明天再开始吧。

　　胡小懒的经历，体现出完美主义型拖延症患者的两大特点。

　　一是做事情做规划时都要详细到极致从而做到尽善尽美，却忽略了真正的可行性。试问，人又不是计算机，不可能每天做事都严格按照规划走，计划做得再详细，实行不了也就等于零。

二是一旦遇到点挫折，就极容易放弃。完美主义者一遇到困难，仿若一条笔直的线突然折了一般别扭，像一张白纸上突然被人乱画了几笔那般难受。哪怕是早上起来晚了，也可以执行后面的计划。胡小懒其实可以从到公司后开始就按照日程表执行，但他不可能如此，因为对于有完美倾向的人来说，一天的计划如果不完整执行，他们宁愿不执行。

而因为计划制定得太完美，完美主义型拖延症患者在执行中遇到挫折、困难的可能性就会更高。如胡小懒写的"6：00—6：10起床准备"，对于一个平时7点都起不来的人来说，这个标准显然过高。而一旦日程表里的第一项完不成，后面又没有机动时间，就会严重影响完戒拖积极性。

从某种意义上来说，完美主义是导致执行起来难度大的一个重要因素。难度大则容易造成日程表中某项任务无法执行，而一旦遇到这种挫折，又将导致全部计划的失败。这样的恶性循环造成了完美主义型拖延症患者的戒拖行动困难重重。

克服掉自己身上的"完美主义光环"，是完美型拖延症患者走出恶性循环必须要做的。第一，在做计划的时候要考虑到可行性，并要在每个大时间段都留出一小段机动时间，以便在出现意外的时候可以用来弥补某段不足。如果一切顺利，那这段机动时间可以用来当作给自己的奖励。

于是，胡小懒打开一篇新的文档，列出了这样的新计划。

早上：6:00-6:10起床准备

6:10-6:20洗漱穿衣

6:20-6:25出门坐电梯

6:25-7:00下楼绕着小区跑步

7:00-7:20 去小区门口吃早餐

7:20-7:25 走路去地铁站

7:25-8:05 坐地铁到公司

8:05-8:30 在公司学英语

8:30-8:40 开电脑、泡咖啡

8:40-8:59 机动时间

9:00 喝咖啡，精神抖擞地准备开始一天的工作

在上面这份调整后的日程表里，胡小懒将每天早上8:40—8:59这20分钟的时间段作为机动时间。一旦前面哪条没有按时执行，可以用机动时间弥补回来。但仅这样还是不够，这份日程表对于他来说能够真正实行的可能性还是太低了。日程表里将早上起床后做的每件事情都分配了具体时间，事项分配得太细致，而现实生活中的人显然不可能随时拿着打印出来的日程表或对着手机来做事情。

因此，第二点需要注意的是，将不必要的小项目整合到一起，给日程表瘦身。

于是，胡小懒又将日程表进行了二次调整。

早上：6:00-6:30 起床、出门

6:30-7:00 跑步

7:00-7:20 早餐

7:20-8:05 地铁

8:05-8:30 学英语

8:30-8:59 机动时间

9:00 开始工作

上面这份日程表看上去已经够简洁明了，将原本琐碎的小项目（如起床、穿衣、洗漱、出门坐电梯）整合为一个稍大的项目。这样不仅记忆起来容易，执行起来也更容易，不至于出现因为太过细致而不知道做什么的现象。

但是，这份日程表就真的能执行吗？答案还是不能！

这是因为胡小懒对自己产生了过高的要求。让一个平日里赖床成了习惯的人，一夜间变成一个6点起床去跑步、吃健康早餐并在早上学英语的人，简直太难了！

其实，以上种种，正体现出了胡小懒的完美主义情结。正是这种情结，才让他想对自己高标准、严要求，却不知这种严格要求反而容易造成更加严重的拖延。试想，如果第一天日程表中的某项没有执行，计划就会被放弃，进而推迟到第二天。而第二天可能还是有某项任务没能执行，计划就只能推到第三天……一天天下去，再有毅力的人可能也会变得对戒拖计划没信心了。

于是，一份新的日程表新鲜出炉：

早上：7:00起床

7:30—7:50出门吃早餐

7:50—8:35地铁

8:35—8:50伸展运动

8:50—8:59机动时间

9:00开始工作

在这里，胡小懒将起床时间调整为7点，执行的可能性变大了。而跑步受地点限制，只能在小区附近进行，7点起床再跑步显然不现实，胡小懒就将跑步改为简单的伸展运动，将运动地点改成在早上几乎没人的办公室。至于学习英语，则挪到了晚上。

没有最完美的计划，只有最符合实际的计划。几次修改后的这份日程表很明显才是最符合胡小懒的实际情况的，也是最有可能被真正执行的。

💡 戒拖小贴士

1. 有完美主义倾向的人可以试着多制定几个日程表，直到找到可行的为止。

2. 不要让严格要求导致更严重的拖延。

3. 没有最完美的计划，只有最符合实际的计划。

加入战拖小组，和小伙伴们一起战斗

"明明知道那么多事情堆在眼前，如摊开的文件、散乱的衣橱、该打的电话、该发出去的邮件……我们还是边咬着手指甲，边发呆地想："再待一会儿，就一下下……""

"于是，天黑了又白了，心情愈加沮丧却伴随偷来的欢愉般的戏谑……我们都有拖延症……"

这是胡小懒在豆瓣网站"我们都是拖延症"小组看到的小组介绍，看到这句话，胡小懒有种找到同类的感觉，他立刻申请加入小组。

在很多社交媒体，如豆瓣、人人、Facebook 上都有着类似的战拖小组，成员们大部分都是一些资深拖友。战拖小组的成员们选择在小组里发帖记录自己的战拖历程，互相分享实用的戒拖方法，彼此打气、加油。

仅豆瓣网站目前就有"我们都是拖延症""战胜拖延症大龄成才住院部""完美主义者抑郁症拖延症 ADD 患者""实现目标：告别无聊迷茫拖延"等多个戒拖小组，每个小组都有几千、几万甚至十几万的拖友。小组活跃度相当高，拖友们彼此热心分享。

加入战拖小组对于想戒掉拖延症的拖友们来说，能起到非常有效的作用。

首先，也是最明显的一点是，战拖小组里聚集了很多拖友。物以类聚、人以群分，在同是拖延症患者的社区内，可以轻松地找到各种免费的戒拖资料、英文资料翻译版分享和网络课堂。除了找到实用性资料外，更重要的是能找到有共同经历和目标的同伴。

胡小懒加入小组后，看到一个帖子里写着"我天天打开PPT，就是不想写策划案，我觉得老板都快想把我杀了，怎么办？"楼主也是一名白领，从事策划方面的工作，许多经历与胡小懒都异常相似，这让胡小懒对此非常有感触。他很快就联系上了楼主，彼此聊了几句，发现二人有着许多共同点，楼主还热切地跟胡小懒分享自己的戒拖经验，并告诫胡小懒，戒拖一定要坚持，现在自己的严重拖延状态已得到了有效的改善。但仍需继续努力。两人还约定要一起戒拖，每隔一段时间进行经验交流。从此以后，胡小懒觉得在小组里找到了真正的同伴，对自己的戒拖之路也更有信心。

其次，在战拖小组里，可以找到参照对象。那些已经在戒拖路上取得小小成绩的拖友，跟与自己之前状态相同的入门级戒拖者一对比，立刻会意识到自己的进步，并会在心里告诫自己，要继续努力，不要再回到最初的状态。那些入门级的拖友，则可以在小组里找到已经戒拖成功的资深组员。榜样的力量是伟大的，多与这些战胜拖延症的前辈交流，自己在戒拖之路上也会走得更有信心。

最困难的或许不是努力，而是不知道努力之后会有什么改变。所以找到一个可以参照的对象是十分必要的，大部分人的戒拖之路也会更好走一些。哪怕只是默默关注他的帖子，对督促自己，做出行动都会有很大的帮助。

最后，在战拖小组里，可以找到全天监督。很多初级拖延症患者在面临任务时会左顾右盼，一会儿听听歌，一会儿吃个水果，就是不愿开始，仿佛总有事情忙不完。而对资深拖延症患者来说，他们面临的主要问题要比这个严重得多。他们经常什么事都没做，就发现时间已经过去很久了。如果你问一个资深拖友："在你拖延的时候你都做了什么，是听音乐了，还是看小说了？"他是回答不上的。那段迷茫的时间就是无意识时间，一个资深拖友曾用这样的话来形容自己："我有时候魂会不在身上，我坐在电脑前工作，或者是躺在床上休息，脑子里总是空空的，等回过神来时，通常发现时间已经过去不少了。我特别想找一个全天监督的同伴，能够把彼此从这种飘在天上的状态中给拽回来。"这段话曾使很多资深拖友感同身受，同时也掀起了一小股寻找全天监督同伴的热潮。

找一个跟你一样的资深拖友，互相交换你们的时间日程表，约定好每一个小时或两个小时彼此通过网络或电话询问对方进度完成情况。如果遇到没遵照日程表做的事，就会告诫对方："再出现一次这样的状况，我就不做你的监督了。"这种方法适合意志较为薄弱，或已经采用很多战拖方法而未见效的资深拖友。

然而，加入战拖小组对拖延症患者来说最容易导致的一点是，陷入众多帖子中不可自拔。千万不要抱着戒拖的目的加入小组，却只为小组帖子贡献了点击率，而没有任何实际行动。

💡 戒拖小贴士

1. 多与已经戒拖成功的人交流。

2. 寻找志同道合的人彼此监督，不失为一种有效的戒拖方法。

3. 不要迷恋于浏览战拖帖子，而缺少实际行动。

找好时间节点，从此焕然一新

胡小懒是个典型的夜猫子，对他来说，晚睡是种享受，早起是种折磨。这也是不少年轻人的共同现象。比如，胡小懒在上大学的时候，他就遇到了一帮"志同道合"的室友们。整个宿舍除了小徐之外，人人都是夜猫子。每天12点一过，才是宿舍生活的真正开始。就连原本生活规律的小徐，在众人的熏陶下，在大二时也转变为资深夜猫子一枚，甚至还青出于蓝胜于蓝，经常通宵熬夜到第二天早上才睡。

当时，胡小懒的宿舍可以用一句话来形容："一天24小时，我们宿舍随时都有人在睡觉，也随时都有人在醒着玩电脑。"在经历了几年作息时间完全错乱的生活后，胡小懒和室友们进入了大四。在校园里，大四生是一种特别的存在，对于大一大二学生感兴趣的社团、学生会，他们已经完全失去了兴趣，他们每天关心的是实习、简历、工作和待遇。胡小懒与室友们也不例外，在面临着人生抉择的重要时刻，每个人都不得不放下玩了三年的游戏，开始认真地思考起了人生。当然，学霸们面临的可能是拿了太多offer（录用通知书），或该去哪家公司才好的选择困惑，胡小懒和室友们面对的首要难题则是如何把作息时间调整到正常状态。在大家单独作战失败后，室长沈鹏把大家召集到一起，开了一个"回到人间"大会——他们要把作息从火星时间调整到地球时间。

其他宿舍的同学们，可能最多就是晚睡一两个小时，简单地倒倒时差就可以了，而胡小懒宿舍面对的形势则更为严峻。当时，宿舍里一共六个人，有的人第二天早上五六点睡，有的是中午吃过午饭睡，小徐则是下午4点睡到晚上12点，真正实现了12点才是生活的开始这句话。

室长沈鹏采用了一个简单粗暴的办法来解决大家的熬夜问题，那就是一直睡、一直醒。举例来说，如果习惯了早上五六点睡，或者12点睡的同学，强迫自己在此段时间克服困意不去睡，一直熬到晚上12点，然后上床睡到第二天八点，由其他室友叫着起床。对习惯了每天下午4点睡的小徐来说，那就找一天用来"一直睡"，由下午4点睡到第二天早上再起。之后开始逼迫自己按正常时间进行作息。

方法虽然简单粗暴，可效果却异常良好。宿舍里的几个兄弟靠着这个方法，在短时间内改掉了三年以来养成的不良作息习惯，虽然刚开始几天会难以适应，但时间久了也就习惯了。

胡小懒现在作息时间相对健康，在做戒拖计划的时候，他突然回忆起大学时候的事，三年养成的习惯竟然在那么短的时间内被纠正了过来，这种方法是不是能用到戒拖这件事上呢？

沈鹏在帮助大家改掉熬夜习惯时，找到了一个时间节点，强制性地让作息恢复正常状态，这种方法对人的意志力要求很高。

人们总是倾向于循序渐进，做事情要有计划、有安排、有步骤，要一点点地改掉拖延症的毛病。但却很少去思考这样的戒拖战线会不会拉得太长，从而导致意志力薄弱的拖友无法完成戒拖计划，让此类拖友在短时间内坚持计划难度不高，但要长年累月地严格按着计划走，不能完成的可能性就提高了很多。

与其长期作战，不如短期解决。找一个好的时间节点，在此之前只做最放松的事情。拖延症患者总是习惯将眼前的事拖到以后，那就让自己随意拖，可以干脆不去想还有什么工作。比如，上班族拖友们在面临某个重要工作时，可以用周末两天的时间放纵自己，可以无所事事地睡觉、发呆、看电视、吃东西、上网，完全不想工作上的事情，而一旦到了周一早上，就要严格要求自己按着计划走，开始查资料、找证据、做方案，努力完成工作。

犹如现代人喜欢用信用卡，将以后的钱提前到现在花一样，这种方法相当于将完成任务的奖励提前，让今天的自己先享受到明天完成任务后的奖励，改变了以往"先苦后甜"模式，实行"先甜后苦"。

舍友小徐就是采用了这种方法。而其他室友的情况没有小徐严重，采用的还是传统的"先苦后甜"方法，先逼迫自己一夜不睡，再回到正常作息状态。对于面对重要工作的白领拖友来说，可以在接到工作的第一时间就开始查资料，整理前期方案，把工作的大部分内容都提前做好，只留最后的收尾工作，然后去做自己拖延症犯了时喜欢做的事。因为心理上还会惦记工作并未完成，大脑也会认为工作没有完成，会同以往一样发出同样的信号，在做自己喜欢的事情时跟平时一样得到异样的满足。

这种方法的实现原理是因为人在面临重要工作时，却越发排斥，不愿开始工作，而宁愿去做一些无意义的事情，这时心里反而会得到一种别样的满足。拖延症患者在接到任务的最开始就完成大部分任务，以此来欺骗头脑，在之后的放纵时间仍可获得这种异样满足，所以并不会像以前一样造成真正拖延的局面。

不管是"先甜后苦"还是"先苦后甜"，这两种方法对人的意志力和自律能力都有很高的要求。胡小懒和室友们当初面临着毕业求职的重大人生抉择，潜意识里知道，如果继续以前的生活状态，将会错失人生中最重要的机会，外加上室长沈鹏的强力推进，才最终在短时间内改掉了熬夜的毛病。而之后，胡小懒和其他室友很容易又回到熬夜状态。就像现在，胡小懒只要在周末或假期，又会熬夜到三四点，第二天不到中午不起床。

因此，这种缩短戒拖战线，找到时间节点，进行彻底改变的方法，只能在某些紧要关头使用，要想长期改变拖延习性，还需要其他方法辅助。

戒拖小贴士

1. 人之所以会拖延，是想将成果提前享受，而不愿到完成任务后再享受。

2. 面临比较重要的事情时，可尝试"先甜后苦"的方法。

3. 循序渐进，不如一次到位。

【发现】最实用的戒拖小组

前面提到环境会对人产生很大影响，而寻找志同道合有决心的拖友，也是戒拖路上的一大动力。下面，就来分享几个最实用的戒拖小组。

豆瓣：我们都是拖延症

http://www.douban.com/group/procrastinators/?ref=sidebar

该小组有13万多名组员，是豆瓣最大的戒拖小组。同时，小组也出现在site.douban.com/zhantuo 小站和www.zhantuo.com/bbs 战拖学园论坛里。组内不仅有丰富的战拖资料和对拖延症的心理学分析资料，更常常举办"战拖骑士团"网络课堂，还提供一对一在线咨询。

该小组对拖延症的讨论历史最悠久，根据Google的按日期搜索功能发现，"拖延症"一词最早于豆瓣网"我们都是拖延症"小组建立时，也就是2007年5月15日出现在网络上。可以说该小组是戒拖小组里的鼻祖了，资源最丰富，成功案例也最多，帖子最活跃，最容易寻找到戒拖路上的小伙伴。

豆瓣：战胜拖延症大龄成才住院部

http://www.douban.com/group/214148/

该小组适合资深拖友。当你觉得自己已经尝试了许多方法，但还未戒掉拖延症时，不要气馁，这里有一群跟你同病相怜的小伙伴们。

与"我们都是拖延症"小组的无条件加入不同，该小组对组员有着更严格的要求：

本小组加入细则：

1.新入小组的成员需在加入后次日上交一份工作或人生计划（计划目标长短视个人而定），需细化到每日需完成的计划目标。

2.可开话题每日上报进入计划完成情况，便于其他组员和自己监督。

看来组长一定很了解拖友，对于资深拖友来说，没有强制措施是很难起到效果的。这种措施也在一定程度上保证了小组的活跃度。

豆瓣：早起者俱乐部

http://www.douban.com/group/getupearlier/

早起者俱乐部认为要想在现代社会激烈的竞争中成功脱颖而出，就需要赢在起跑线上。俗话说："早起的鸟儿有虫吃。"想从早起来战胜自己的拖友们可以考虑加入。类似的小组还有晨型人http://www.douban.com/group/morn/；让我们一起做晨型人吧！http://www.douban.com/group/getupearly/等。

4.果壳：挑战拖延症

http://www.guokr.com/group/81/

果壳网的这个小组侧重于实用性，与其讨论拖延症形成原因，不如直接来战拖才是正经事。小组内汇集很多实用的战拖方法，可供拖友们学习、下载。

第 **3** 章

懒惰是拖延的前奏，戒拖先治懒

　　当你发现自己已经从一个懒人变成一个越来越勤快的
人时，你身上的拖延症状一定也减少了许多，因为懒惰是
导致拖延的重要原因。

懒惰，千万要不得

周末到，胡小懒又一个人宅在家里，妈妈打电话追问："小懒啊，你是不是又窝在家里了！多出去运动运动，说不定还能交上个女朋友，你也不小了，再不然叫个同学出去吃个饭总行吧？你一个大小伙子一到周末就窝在家里你也好意思？"

胡小懒当然不好意思，尤其是在听到妈妈如此说后。可不好意思归不好意思，他依旧懒得出去。

胡妈妈说："小懒，你还年轻，对未来也没真正思考过，妈不怪你。你是不是觉得周末窝在家里玩电脑最舒服，甚至连快餐都不愿意去楼下买，只想叫外卖？"

胡小懒不好意思地承认了。

妈妈又说："你可能会觉得懒点没什么关系，反正除了自己家人谁也不知道。可小懒啊，你对你的现状真的满意吗？你就满足于一直在现在这家小公司工作，满足于现在的生活状态，拿着只够养活自己的工资，一辈子买不起房，买不起车？连个正经女朋友都找不到？你就不想出去走走，去看看外面的世界吗？"

胡小懒无言以对。

"你从小就是个毅力不强的孩子，读书的时候你经常三天打鱼两天晒网，每次只有在考试后看到成绩很糟糕时，才知道努力几天。过后又会将学习抛于脑后。那时我本来想好好说说你，从小给你养成一个好的习惯，可你爸爸总说我太严厉了，再说我也舍不得让你太辛苦，我想着只要你品行良好，身体健康，比什么都重要！可现在想想，我这样宠溺你其实是不对的。"

胡小懒忍不住开了口："妈，你总说我懒，可我懒又招谁惹谁了！你和我爸倒是勤快了一辈子，可又有什么用啊！咱家不还是穷了一辈子嘛！"胡小懒开口后又有些后悔。

听到胡小懒如此说，妈妈并没有生气，反而继续说道："正因为我们家条件不好，你才更应该努力，而不是就这样麻痹自己，躲在家里和网络上寻找存在感。你要记住，不管怎么样，生活还是要继续的。过好过坏就看你自己的选择了。"妈妈说完就放下了电话，留给胡小懒沉思的时间。

大多数的拖延都来自于懒，而懒惰常与拖延"狼狈为奸"。懒惰是人生道路上的拦路虎，是生活中的破坏者。很多人都有惰性，也不否认这一点，偶尔犯点懒倒也没什么，但是如果懒惰成性，就会让人不思进取、得过且过，不仅会伤害自己，也会让亲人忧心不已。

很多人都像胡小懒一样，在走出校门，一个人当家做主后，开始变得越来越懒。他们懒得做饭、懒得下楼、懒得交男女朋友、懒得和人交往……宅男宅女就是他们的代名词。

想象一下，如果是在每天都需要为能不能活下去、有没有食物而担忧的原始社会，这些懒人一族估计是无法生存下去的。但随着现代社会的发展，网购、快递、外卖等行业的兴起，给懒人生存创造了有利条件。现在大家几乎可以足不出户地完成衣食住行等各项日常活动，甚至很多工作也可以通过网上完成，免去了出门上班之苦。所以犯懒的人也就越来越多了。

然而，研究人员做过这样一个实验。给实验对象一个足够长的假期，他们不用上班，不用出门，也不用做任何动脑的事，每天衣来伸手饭来张口，想看电视就看电视，想玩游戏就玩游戏，刚开始的几天他们可能会感觉悠闲惬意，时间一长，则会觉得莫名的空虚。

很多宅男宅女不愿意与人交流，很大一方面的原因是他们在人际交往方面的不自信或遭遇过挫折，导致对社交活动信心不足。因此，要想治愈懒惰，首先要有一个积极、乐观的心态。一个拥有开朗笑容的人会让跟他接触的人都心情明媚，从而对他产生更多的好感。在社交场合中得到更多正面反馈后，人会变得越来越自信，越来越想走出去，参与到各种能够实现自身价值的人际交往活动中。

此外，也可以做点事情让自己的生活充实起来。可以选择难度小的事，如收拾屋子、整理衣柜，或者选择自己喜欢做的事情，如做一道喜欢的菜等，让这些琐碎的小事情填满你的时间，只有充实的生活才会带来真正的快乐。

还有一种有效的方法，那就是学会肯定自己。通常来讲，懒癌患者容易产生自卑心理，所以亟需通过一次次的自我肯定，让自己重新树立起信心，哪怕只是做了一件微不足道的事，也要给自己以鼓励。通过鼓励把不足变为改变自己的动力，这是与懒癌彻底告别的最好方法。

懒散是导致拖延症的罪魁祸首，所以当你摆脱懒惰，变成一个勤快的人时，你身上的拖延症状也会得到减轻。

回到胡小懒身上，他的懒在很大程度上是他对现实的回避。他虽然不满足于自己的现状，但却无力改变，也不知道从何改变，就只能像个蜗牛一样躲在厚厚的壳里，以懒散来麻痹自己，让生活形成恶性循环。

　　有的懒惰者振振有词地说："勤劳的人或许能在未来收获到甜美的果实，而懒惰的人却可以在今天就享用到果实。"这句话看上十分有道理，似乎让人无法辩驳。可事实真的是这样吗？

　　纵然懒人能享受到一时的欢乐，可人生不是一天就结束的，不管愿意与否，我们总要走进明天，勤劳的人今天努力，明天不一定会立即改变人生，但终有一天会改变；而懒人如果不转变态度，依然会继续过着比昨天还不如的懒散生活。

　　所以，戒拖，先从戒懒开始。

戒拖小贴士

1. 不要因贪图懒散的及时回报，而错过更甜美的果实。

2. 懒或许只是你对现实的一种逃避。

惰性是一切拖延症状的根源

天气渐凉，胡小懒不能再像夏天一样随便在超市买件T恤就能穿好几个月了，只好打开电脑，登录万能的淘宝。左挑右选，胡小懒终于买到了一件墨绿色的外套。

没过几天，快递就到了。但这几天天气刚好回暖，胡小懒想着也不急着穿，就把快递带回家扔在墙角，接着玩电脑去了。

半个月之后，天气终于彻底转凉，胡小懒这才想起自己之前买过一件外套，兴致勃勃地拆开了扔在那儿半个多月的快递，结果发现这件衣服并不适合自己。如果穿着这件衣服出门，肯定会被同事们笑话死，他打算退掉。于是，胡小懒上网申请退货，他买衣服的这家店支持7天无理由退换货。可是，登录网站后胡小懒才发现，自己买这件衣服已有半个月了，网站早已经自动确认收货，胡小懒顿时觉得委屈，这件衣服买的时候花了两百多块，就这么一次不穿地砸在手里了。

第二天上班，胡小懒一整天都蔫蔫的，同事马姐得知情况后，告诉胡小懒："你还可以在网上申请售后，一般只要店主通情达理，都是可以退货的。"

胡小懒对马姐表示了一番感谢之后，申请了售后维权，胡小懒在上面认真地写着："本人因工作繁忙，在外出差20多天，回来后才拆开快递，衣服很好，只是不适合本人风格，希望店家能予以退货。"写完后，胡小懒有点心虚，什么繁忙人士，不过是懒惰罢了。胡小懒心想，下次收到快递一定要马上打开。

事情的发展很顺利，卖家同意了他的售后申请，承诺只要胡小懒将衣服寄过去，就可以退款给他。胡小懒看到这个系统提示后，自然又是对马姐感谢了一番。马姐还善意地提醒他："小懒啊，售后维权也是有期限的，不是7天就是9天，你要在这个时间内将快递寄出，并将单号填写，然后才能退款。"胡小懒拍着胸脯说："好啦好啦，我知道啦，这种退钱的事儿我肯定很积极。"

之后的几天里，他一如既往地上班、玩游戏、上网，等到某一天想起这一件事时，网页上面的显示仅剩两天的时间，到期将关闭售后维权，且不可进行再次维权申请，胡小懒暗自庆幸，幸好还来得及。

胡小懒下班后，快递员一般也都下班了，他决定把衣服带到公司来寄，可第二天早上胡小懒又起晚了，匆忙赶去上班的他自然忘记带那件衣服了。他安慰着自己："好在还有一天，还来得及。"真的来得及吗？第二天同样起床迟到的胡小懒，在公司待到下午三点才想起自己忘记寄快递，衣服还放在家里……

于是，胡小懒只能眼睁睁地看着这次售后维权的窗口倒计时结束，衣服退不了，他的200块打了水漂。

马姐实在是看不过去了，她对胡小懒说："小懒，你可真是够懒的。如果你收到快递就打开试试衣服是否合适，发现不合适就马上申请退货，怎么会有后来的麻烦事呢！你呀你，就是惰性太大了！"

胡小懒羞愧地低下了头。马姐一番语重心长的话让胡小懒警醒起来，如果自己再这么下去，最终会在蹉跎中度过一生。

研究者指出，惰性是一种无法按照既定目标做出行动的心理状态，且完全是由主观原因所致。惰性是人的本性之一，也是极难改变的一个特性。

不可否认，人生是一场自我斗争的过程。与自己的本性做斗争自然不是一件轻松的事。如果因太难而不去做，时间久了就会产生惯性思维，这种惯性思维是戒掉拖延的大敌。对于如胡小懒一般惰性严重而导致惯性思维的人，他们在生活中，不管大事小情都习惯性地拖，而且尤其是对小事的拖延最为严重。因为小事上的拖延，造成的危害也相对较小，不会给他们带来什么震撼。因此，明知拖下去有害却还是会拖个不停。

在换衣服这件事上，胡小懒产生惰性的原因是从本质上没有重视。因为 200 块的购衣费是一件太小太小的事，错过了也不过损失了 200 块而已，没什么严重后果。

200 块说多不多，说少不少，一开始没有在意的胡小懒，在真的痛失维权机会之后，心里还是有一阵子不好受，因此马姐的话才会让他感到无地自容，这对于他来说，也算是一次教训。这次胡小懒虽然损失了 200 元退款，但是却在戒拖路上前进了一小步。

💡 戒拖小贴士

1. 惰性是人的一种本性，但我们可以尽可能地减少它。

2. 过多的惰性将导致一个人蹉跎一生。

放任自己，拖延就不请自来

这天，办公室的副总监对胡小懒说："小懒，我记得你刚来的时候身材还挺好的，怎么这半年来，突然发现你胖了这么多！"

胡小懒顿时窘得不行，这段时间他确实胖了不少。

旁边的同事马姐插嘴道："哎呀，总监，你还没见过胡小懒刚来的时候呢，那时他很瘦，170多的身高，只有110来斤，看着比女孩子还瘦呢。喂，小懒，你说你怎么吃成这样了！这样可不行啊，你一个大小伙子，还没找到女朋友呢，不能放松对自己的要求啊！"

"是啊是啊，小懒，你看看咱们老板，都四十多了，身材还保持得那么好，你这么年轻可不能只往横向发展啊！没事儿晚上回去跑跑步吧！"同事七嘴八舌地接了起来，让胡小懒感到非常尴尬。

胡小懒也不明白自己怎么就突然胖了起来，晚上回到家，胡小懒站在镜子前仔细看了下自己，发现脸是比以前圆了些，身上也长出了些许赘肉。

没过几天，单位组织体检。医生看过胡小懒的体检表格对他说："你比去年胖了15斤，虽然现在还不属于肥胖，只是有些超重，但是以后还是要注意！"

胡小懒连连点头，比去年胖了15斤这件事，确实也让自己感到分外惊讶。

没想到，几天后体检报告完全下来的时候，胡小懒才真正吓了一跳。自己竟然得了脂肪肝！在胡小懒的印象里，脂肪肝这种病是年纪大且身体肥胖的人得的，自己平时既不抽烟又很少喝酒怎么能得脂肪肝呢！

刚好老板走过来，看见胡小懒在发呆，问清缘由后说："其实脂肪肝不一定是肥胖的人才会得，如果你的生活作息不规律，饮食又不健康，长期下来，就很容易得脂肪肝。但你也别担心，我年轻那会儿也得过脂肪肝，只要你从以后作息规律，不暴饮暴食，坚持运动，慢慢就会恢复的。"

胡小懒看看老板健康的身材，眼里满是疑惑。

老板似乎看懂了他疑惑的原因，笑着说："我刚开始创业时，每天吃饭睡觉都很不规律，又经常出去喝酒，没几年就得了脂肪肝，不只如此，那时我年纪轻轻血压还高。当时我就醒悟过来，我还这么年轻，怎么能这么放任自己！如果没有健康的身体，事业上再成功又有什么用！从那以后我才开始坚持锻炼，一直保持了十多年。"

生活中，我们经常看到很多二十几岁的年轻男女，却过早地有了啤酒肚。有的女孩子虽皮肤白皙，但身上的肉却是松弛的，这是由于缺乏锻炼造成的，而很多男孩子，因为长期宅在家里，年纪轻轻爬几层楼梯就气喘吁吁。这都是对自己太过放任的结果。

像胡小懒，原本有着一副好身材，可他并不在意，经常犯懒不做饭，用方便面、麻辣烫随便凑合一顿。胡小懒自己也知道吃这些东西不健康，可他总觉得这么一顿两顿不会有什么影响。

一次次的放任，最终导致了不容忽视的后果。

想要摆脱放任的心态，第一步就要为自己树立明确的目标。日本研究学者有川真由美经研究发现，一旦人失去了行动的欲望，就会放任自己一次次地拖延，进入一种恶性循环而不能自拔。

如果你不想拥有一个好身材、一个精神焕发的容貌，和健康的体态，那不管有多少人劝诫你要少吃快餐多运动……相信你也不会听进心里。

对于很多轻度拖延症患者来说，重新树立起一个目标，恢复自己行动的欲望相对简单。但对于某些重度拖延症患者来说，他们已经习惯了每件事都拖延，已经对自己能够成功戒拖不报任何信心，他们早已习惯了日复一日的自我放任。对于这类患者来说，最重要的是先恢复信心，让自己有戒拖的欲望。这是一个循序渐进、极为缓慢的过程，而且需要周围的亲人、朋友给予帮助。

💡 戒拖小贴士

1. 放任，其实是一种自我麻痹。

2. 给自己树立一个目标，用来恢复行动的欲望

3. 对于重度拖延症患者，重要的是树立戒拖信心。

别总期待还有明天

七月份正是考试季，胡小懒的一个表弟小涛明年升高三。小表弟对于学习一点也不上心，整天的状态都是懒懒散散的，家里人都拿他没办法，只好打电话让胡小懒这个大学生来劝劝他。

胡小懒的表弟本来很聪明，可就是定不下心来学习，如果他花在学习上的时间跟其他同学一样多，胡小懒敢保证小涛一定能考上一个令人羡慕的大学。小涛从小就特别爱看电视，小小年纪就带上了眼镜，可就是这样不用心的他，成绩在班级的排名仍属于中等，不少天天认真学习的同学成绩都没他好，也正是这些让小涛变得更加有恃无恐。

胡小懒在网上跟小涛聊天，小涛一听胡小懒是来劝他学习的，顿时头大地说："表哥，我都知道你要说什么，你放心吧，我不是不知道高考的重要性，我又不是一点也不学，对不对？"

胡小懒一听，表弟什么都明白，于是问道："既然你知道高考有多重要，为什么还不马上好好学习！你爸妈为你的学习都操碎了心！"

表弟说："人家都说高三是书山题海，我这不是想在高三之前轻松些嘛！等到了高三，我自然就好好学习了！"

胡小懒立刻明白表弟的拖延症比自己想象中的还严重，居然把学习拖到了明年。他只能耐心苦劝："听姨妈说你明天就有一门学科要期末考试，而你却一直不复习。"

表弟傻笑着说："考试是明天下午，我明天上午再复习就来得及。"

很多人都像胡小懒表弟这样，总将今天的事情拖到明天，从而为今天的拖延找借口。玩耍、看电视、玩电脑显然是比马上工作或学习能带来更多的愉悦，虽然他们明知道工作明天还是要做的，而且会因为时间紧张而变得更加痛苦，但对他们来说，这种痛苦还是小于马上行动的痛苦，所以他们宁愿忍受明天匆忙地赶，也不愿意在今天按照规划有步骤地做事情。

比尔·盖茨曾说："凡是将应该做的事拖延而不立刻去做，而想留待将来再做的人总是弱者。"

古人的名言"明日复明日，明日何其多"，早就道破了拖延症患者努力想掩饰的现实。英国小说家狄更斯也说过："永远不要把你今天可以做的事留到明天去做。"明明可以很愉快、很轻松地把工作完成，拖延症患者却偏要给自己找不愉快。

当一个个看似不大的任务经过连续几天、几周的积压后，终于变成一座大山压在眼前时，容易让人丧失解决问题的勇气。

所以，胡小懒严厉地批评表弟说："期末考试考的是一整个学期所学的知识，涉及一整本书的内容，你觉得你能在一上午就复习好吗？还是赶快去复习吧！"

复习这种任务需要循序渐进，制定合理的计划表，按照计划每日复习，只有这样才能取得好的效果。

而对于某些特殊任务，必须当天解决，拖延到明天就会造成一定的损失。比如，一个作家，如果他今天刚好有灵感，但却懒得写作，想着明天再写。结果会怎样呢？到了明天，他可能绞尽脑汁也想不起昨天灵感来的那一瞬间产生的火花。同样的道理还适用于画家、雕刻家等从事艺术创作的人士。

　　这方面，胡小懒自己就深有体会，他对表弟说："你知道吗？我特别爱看网络小说，看到那么多作家名利双收的时候，我也特别想写一本。我早在好几年前就接触了网络小说，那时候写网络小说的作者并不多，如果你哥我能够从那个时候开始坚持，到现在就算没红，也比上班赚得多。可我在小说网站上账号注册了一个又一个，每次发文都不超过三章就坚持不下去了。我总对自己说，先在脑海里构思一下情节，明天再写。可是然后呢？我构思着构思着就躺床上睡着了。

　　"跟你说一件事，你看过最近挺火的那个电视剧吗？那就是根据一个当红网络小说改编成的，那个小说的作者就是当年跟我在一个作者群里写小说的新人，如今，十年过去，人家一直坚持着，终于获得了回报，而我呢？我跟你说这么多，就是不想让你被自己明日复明日的想法给毁了！毕竟你还年轻，当然你哥我也不老，我现在也在积极戒拖，其中很重要的一点就是，发现什么事要做就立刻去做，不要指望明天。"

　　表弟小涛听到这番话后，似有触动，说道："那我现在去看书吧。"

　　放下电话，胡小懒自己也回想了一番，想想自己这些年，其实就是个升级版的"表弟"，他的拖延症比表弟严重得多，也曾因为拖延症错过不少机遇。人们常说，机遇只给有准备的人，可胡小懒想说一句，机遇绝不眷恋拖延的人。

　　每个人的一生中，都曾面临几次不错的机会，胡小懒也不例外。其实在大四求职期间，他曾面临一次很好的机遇，但因为自己的拖延而最终与之失之交臂。当时，有一家知名企业找到胡小懒所在的学院，希望录取两名该院的应届生，还特地要求是男生。这家企业给出的待遇对于应届生来说很丰厚，再加上当时已经是六月份，面临毕业，大部分同学已找到了合适的工作，就业办主任推荐了胡小懒和沈越。那家企业的人事专员只简单与胡小懒和沈越聊了聊，即表示认可，让二人回去把大学四年的成绩单打印一份带过来，再写一篇500字的文字，说一下为什么企业应该录取自己。就这么一个简单的任务，胡小懒却没完成。原来，胡小懒所在的学校有几个校区，成绩单必须要教务处盖章，而教务处在另一个校区，虽然是同市，但坐车也要一个多小时。胡小懒大学四年从未去过那个校区，在沈越邀请他一起去打印成绩单的时候，他又犯懒睡过了头。随着"明天再去打印成绩单吧"的想法一次次出现，胡小懒最终错过了企业承诺的时间，连就业办老师都对他连连叹气。那一刻，胡小懒才深深地感到了后悔。

把事情推到明天，是拖友们最常用的借口，而在拖延过程中，其实内心并不是绝对愉快的，往往还会出现担心、忧虑等负面情绪。试问，胡小懒在没有去打印成绩单的几天，心里难道没有想过这件事吗？表弟小涛在玩游戏的时候也是会一闪而过"明天要考试"的念头吧，只是这种负面情绪的影响显然不如玩乐带来的快乐多，才让他们陷入拖延深渊而无法自拔。

💡 戒拖小贴士

1. 明日复明日，明日何其多。

2. 在将事情拖延到明天的过程中，需要忍受太多负面情绪。与其如此，不如再加把劲，先把事情做完，再去放松自己。

计划一百次，不如行动一次

　　胡小懒在公司也混了五六年了，谈起自己的工作也是小有心得。但是眼看着与他同期进入公司的同事渐渐升职，薪水也一路上涨，只有他到现在还是个普通的策划人员，过着"月光族"的生活。他常想，甲在某些方面还不如我，怎么他倒先升成主管了；乙不熟悉外地企业的情况，公司却调他去做分公司的策划经理。胡小懒有时又会抱怨，这次没能中标的项目就不应该让李经理他们组做标书，如果是由我们这组做，结果可能就不一样了。

　　胡小懒一直不明白自己得不到领导认可、不能提升的原因。这次公司开年会的时候，他遇到了和同期进入公司的高经理，现在高经理已经是分公司的总经理，把分公司的业务开展得风生水起。胡小懒借着酒劲问他："老高，咱们俩是一块儿进的公司，看看你混的，再看看我混的，我对工作已经没有盼头了！"

　　高经理淡然地说："其实你一点也不笨，就是行动太迟缓了。你要知道，时机和时间都是不等人的，确定了明确的目标就要努力，如果只定目标而不实践，那属于空中楼阁，镜花水月，没有用的！"

　　"我一直在工作啊，也不比别人干得少啊，可是时机却从来没有光顾过我！就像我身上写着'时机请绕行'一样！"胡小懒抱怨地说。

高经理被逗乐了，他笑着说："我不说你，我只说我，你可以把我说的这些话当作参考。"

胡小懒点点头。

"咱们两个进公司的时候，是那一批进入公司人员中年纪最小、学历最低的，在人前常常抬不起头来。那会儿我就想，我必须充实自己，让自己强大起来。既然我的起点比别人低，那我就要比别人付出更多的努力！因此，在别人还在捧着书学习如何在谈判中取得优胜时，我已经和客户有过交流了，学会了真正掌握他们的需求；当公司要求大家对公司产品的市场进行调研时，我已经跑过一遍市场了；当有些人在周末睡懒觉、打游戏荒废时间时，我却报考了研究生，并在努力备考中。我一直告诉自己，要看清自己，永远不要做思想上的巨人，行动上的矮子。不管有多少所谓科学的理论知识在手，永远不如真正地迈出一步，否则一切理论都是空谈。后来，客户与我熟悉了，有了业务单都愿意找我。我熟悉市场行情，及时进行信息的更新，得到了公司和客户的认可。研究生毕业后，我又报了博士，还有两年我就毕业了！"

"你都做了分公司的总经理了，本科生和博士生有什么区别吗？"胡小懒带点酸气地问。

"学无止境，我如果停下就有可能被人追上，所以我不能停止充实自己，更不能躺在之前的经验上吃老本！"

胡小懒听得一身冷汗，其实他刚入公司的时候也努力过。他也曾主动去找客户了解对方的需求；跑到市场上不耻下问，让理论联系实际；为了提升自己的综合能力，报夜校专门学习营销。可是这些努力坚持的时间并不长，在熟悉了公司的环境，了解了工作的各环节后，他就放松了。客户也不拜访，也不愿意下市场，夜校就更不用说，根本没有再去过。如果他能像高经理这样坚持下来，情况可能就不一样了。

高经理意味深长地说："人人都力求上进，却不是每个人都能够上进。可不上进，又不甘于堕落，不愿意被他人取代，这没有别的办法，只有从现在开始去努力。既然明明知道只要做了这个，就能改变，为什么不去做呢？所有改变的关键，就是你坚定勇敢地迈出第一步！"

"可是高经理，你也看到了我和你现在的差距，即使我现在有心变成像你一样的精英，可能现在已经来不及了。"胡小懒士气全无地说。

高经理帮他分析到："你要确定你的目标是适合你的，如果目标不切实际，难以达成，你就没有了开始行动的动力，觉得这是自讨苦吃，还不如继续在家躺着，打打游戏上上网，至少还落得轻松自在。所以，拟定将来的计划是有必要的，但更重要的是将最开始的第一步走好。你现在的目标就是做好今天的工作，或者手头的工作。也许会有其他的因素干扰你，你可以不管它，你要做的，就是启动第一步，一切只看第一步就好！"

"长远的计划，怎么可能只看第一步？"胡小懒无法理解。

"要知道第一步是非常关键的！它代表着计划启动的开始，同时，它也是你心理转变的关键一步！只要你排除干扰，坚定信心地走出第一步，你就会发现，这一步并不难。之前你可能还在惴惴不安，也可能是抵触这项任务，但是当你真的迈出去了，或许你会对自己说：'不过如此吗，没有什么大不了！'然后在心理上，第二步也就轻松了，等你做到十几步，几十步，你再回头看你当初迈出的第一步时，一定会非常感慨！因为那个时候，你会发现当初你觉得千难万难的第一步，竟然是那么容易！小胡，一百次周密的计划，不如一次直接的行动！"

胡小懒认真地点了点头："谢谢你，高经理，告诉我这么多你的体会，让我受益匪浅！我一定会按你说的去做，从现在开始努力，迈出关键的第一步！"

戒拖小贴士

1. 计划一百次都是虚的，行动一次方为实。

2. 第一次并不可怕，迈出第一步后会更轻松。

3. 寻找适合自己的目标，有计划地行动。

【测一测】大懒还是小懒？测测你的懒惰级别

生活中，有很多女孩都喜欢自称"懒丫头"，而他们的家人朋友也会认为这种说法很可爱。只是，这些懒丫头如果随着年纪的增长，到了成年时还是一副"大懒丫头"的样子，是不会再有人觉得她们可爱的。

所以，懒惰一定要积极治疗，而不能听之任之发展下去。在改掉自己身上的懒惰之前，先来对自己进行一个彻底的检查，看看自己是大懒还是小懒，属于轻度懒惰患者还是重度懒惰患者吧。

是不是天天想着当一天和尚撞一天钟？

不管是工作还是学习，如果没有人逼着你，自己根本不愿意往前走？

对工作懒得负责，只求完成不被上级批评就可以了，其实你心里知道自己明明可以做得更好。

没有工作时，不是闲聊就是在网上闲逛，而不会做有益于自我提升的事情。

做事情一遇到困难就不想做了。

对于生活上的很多事，你总是敷衍了事，漫不经心。

你知道自己有很多不好的生活习惯，可就是懒得改。

在事业上，也不指望自己有多大进步，只求得过且过。

每次因懒惰产生不良后果时，自己都很后悔，但下次仍然改不过来。

对自己已经基本放弃，觉得一辈子也成为不了很自律的人。

你不愿意花一天的时间去处理事情，却愿意承担因此而来持续两三天的后果。

你的亲友有时会建议你别总那么懒，你对他们的建议总是很反感。

如果上面的问题，有8个或8个以上你的回答是"YES"，那么，恭喜你，你已经是不折不扣的晚期懒癌患者了，也就是"大懒"型，不下重要决心是难以改掉你身上的懒惰恶习的。

如果你有4-7个问题回答是"YES"，那你属于中度懒惰患者，"中懒型"。你需要制定专门的计划，来逐步改善自己的犯懒之心。不可一下求成。

如果你有1-3个问题回答是"YES"，那你则是有点懒惰之心，但还属正常，属"小懒"级别。只要对自己多加要求，时刻警惕，懒惰的恶习还是比较容易丢掉的。

其实，人非圣贤，谁能不懒，连电子都知道老老实实待在自己的轨道上才是硬道理，跃迁会耗能量。但即使如此，这也不是为你的懒惰开脱的借口，要知道懒惰这个词始终是一个贬义词。

既然懒惰是人类的本性，那为什么有些人就是很勤快呢？其实道理很简单，每个人内心都会有一个对事情的标尺，带着这把标尺去衡量自己的行为，自然就能一眼看出自己是不是在偷懒。归根到底，懒惰实则为一种心理上的抵触情绪，并非只是简单的"不想动"。这种"不想动"会以其他你没察觉到的形式表现出来。

如果你觉得上面的测试太过麻烦，那可以用以下几条简单的方法来自评一下。

以下是几条懒惰的具体表现，有三条以上符合的话，就要好好审视自己了。

①尽管很想和亲朋好友们相谈甚欢，但你表现出来的总是不耐烦或是说话不得体。

②容易陷入闷闷不乐的情绪中，对于体育活动或者户外活动不感兴趣，总觉得自己在做的事情一点都不合自己意，不能从自己的工作中找到满足感。

③整日只会想着"如果……就好了……"而对旁边看起来不舒服的同事或者同学一点想要过问的想法都没有，对于一群围在一起讨论的人也不感兴趣，也不想知道别人讨论的内容。

④经常觉得自己处于一种烦躁的状态中，很容易感到焦虑，做事不能集中精力，容易影响到睡眠，把自己的日常作息搞得一团糟。

⑤对自己生活的环境丝毫不在乎，不管角落里究竟塞了多少袜子，也不管垃圾桶里是否飞舞着苍蝇，对地上的垃圾也视而不见，更别说桌上毫无秩序的物品摆放，整个生活空间陷入了一种无序的状态，经常找不到东西，也总是找不到地方放新的东西。

⑥和朋友约会聚餐从来不能准时到，常年迟到不守时，

总是忘记和别人约定的事，且并不引以为戒，也不觉得有什么过分之处。

⑦总是心不在焉，被要求去做的事情总会出一些差错，而这些差错还有可能是再三强调过的。经常丢三落四，"啊，我又忘记了XXX"这样的口头禅常常挂在嘴边，但却没有要改正自己这种毛病的想法，觉得什么都无所谓。

⑧生活漫无目的，得过且过，活脱脱一个敲钟的和尚。对自己没有一个规划，目光短浅或总容易陷入幻想。做事没有主动性，一直处于一种被别人往前推的状态。

看完了这些，想必你对自己的懒惰程度大概有了了解，那就尽力去克服懒惰的毛病吧，要知道懒惰并不可怕，讳疾忌医或者失去信心才真正可怕！

第**4**章

正面迎击，拒绝逃避，
让拖延无机可乘

责任不会因为逃避而无需承担，准备得越充分，完成得就会越好，就不会给拖延以可乘之机。

选择障碍，源于不敢负责任

胡小懒在公司主要负责做企业策划方案，但由于客户提出要求的时间不同，有时不得不加班完成。

这周五快下班的时候，胡小懒收拾好物品准备走了，主管把他叫去说："小胡，A 公司的企划案又有了新的改动，你知道他们周一要看演示，你按我给你的信息对 PPT 进行调整，赶在周一之前完成！"说完后主管拍拍他的肩："辛苦了，周末加个班，我相信你一定能完成！"胡小懒接过资料保证着："没问题！"

他抱着一堆资料回了家，把自己扔在床上，动都不想动。他非常抵触进行方案的修改，毕竟每次的思路不同，修改比重做要麻烦，再加上要牺牲周末休息时间，实在是令他恼火。胡小懒挣扎着从床上坐起，看了一眼那一大堆的资料，又无力地倒下："今天周五，就让自己休息一个晚上，明天再开始加班好了！"

结果，周六上午他睡到九点才醒，赖床到十一点才爬起来，磨蹭着泡了面打发了早餐与午餐，又睡了个回笼觉到下午三点。看着斜照的阳光，胡小懒终于决定坐到电脑前。他把带回的资料摊在床上，扫了一眼立刻意识到这项工作的难度不小，不仅要将原来的方案打破重组，还要在新方案中插入新的信息，并将上下文融会贯通，很容易在修改的过程中出现错误，这也是他最不擅长的。他郁闷地趴到资料堆上，一点动力也没有。

就这样，周六混过去了，PPT的光标还停留在昨天的位置。周日一早，胡小懒迅速地坐到了电脑前，准备及时开始工作，不要再拖延下去。

他刚坐稳就踢翻了脚下的半瓶可乐，顿时将周围乱堆的杂志和衣服都弄湿了。他不得不先清理这混乱的现场。花了大约十分钟清理完毕。胡小懒看看显得整齐许多的电脑桌，又看到四下乱丢的衣服、袜子、杂志、饮料瓶、方便面盒，想想还是收拾一下再做PPT吧。毕竟整洁的环境有利于开展工作，然后胡小懒快速地投入到了大扫除之中。收拾完毕已到中午，他坐在窗明几净的屋子里，决定吃饭、睡午觉，起来再开始工作。

这一觉胡小懒睡到了天色擦黑，他慌忙起来，匆匆忙忙地开始修改PPT，又是查资料，又是调内容，又是换图片。他一直忙到凌晨三点，才算是勉强完成了工作，疲乏至极的他叹息一声："只能这样了，听天由命吧！"

等周一交了任务，听到主管说"可以了"，胡小懒才松了口气。他在茶水间和Frank声情并茂地说起了这个周末加班的惊险时，Frank说："说到底，你还不是拖延症犯了！"胡小懒振振有词地说："我没有拖延症，我只是选择恐惧症。比如面对周末加班赶策划稿和收拾屋子两件事，我就会陷入选择的恐惧中。要知道，我的屋子总是在周末才收拾一次，一周的脏衣服要洗，一周堆积的垃圾要清，还有那些平时乱放的杂志、文件、影碟，等等，这些也是需要做的。当然，赶策划稿也必须完成，不然周一就交不了。我只是在先做哪个后做哪个之间选择困难，并不是拖延！"

这话听起来貌似非常有理，有许多的拖延症患者定会频频点头认可。但是，选择障碍为什么会出现呢？因为与必做事项同时出现的另一选项，实际上是你逃避做事的理由，这件事很有可能也是必须要做的，就给了你一种心理暗示，"我做的这件事也是对的"，让拖延的事情造成的负疚感有所减轻，而不像是打游戏、看影碟之类的纯娱乐内容让人更有焦虑和自责。这样的逃避非常容易让拖延症患者接受，即使很快在不久后你就发现，这样的逃避实际上消耗了一定的时间，但是与真正需要完成的工作任务却毫无关联，并让人的负面情绪更加高涨。

当一件必须完成的工作和一件貌似必须完成的事情同时出现时，被拖延的那件，一般是自认为更有难度，责任更重大的那一项。对于一贯被拖延症所困扰的胡小懒来讲，整理屋子也是件非常讨厌的事情，只是相对于修改PPT而言，这种并不太费脑子的体力劳动显然更容易。虽然他在两种选择上更倾向于去收拾屋子，但这并不代表他能改变讨厌整理的毛病。

其实，这是一种"两弊相较取其轻"的选择，也是胡小懒了解自己真实内心的决定：既然两件事都挺讨厌的，不如借着要改PPT的时机，收拾一下屋子。如果他更讨厌收拾屋子，胡小懒可能会先开始做PPT，把PPT一再修改，拖延着不结束，以便将收拾屋子的开始时间一再压后。这是同样的道理。

胡小懒之所以常常逃避做PPT，很大一部分原因是，他曾有一次失误，在制作PPT时引用了其他公司的内容而忘记把原公司的名字改成现在客户的名字，造成客户当场大怒，他被公司领导重责重罚。每次一做PPT，这件事就不由自主地冒出来，让他产生抗拒心理。因为这次痛苦的记忆，让他总担心自己会再次失误，造成的损失要让他承担，这个责任压得他难以喘息。结果越害怕越拖延，越仓促上阵，越容易出现失误，从而变成了恶性循环。

　　为什么会有越来越多的人产生拖延症呢？其实就是人有趋利避害的本能，这种本能也是自然进化的规律。同样的道理，人会本能地选择让自己舒适的事情去做，而不是痛苦的事情。其实拖延症就是自欺欺人的表现，在人犯懒的时候，总能给自己找个说服自己的像样的理由，还骗得洋洋自得。

　　在两个必须完成的任务中，大脑本能会选择容易完成的一个，那么不管这个任务是不是最紧急的。这样，真正需要去做的任务就被拖拉下来了。基于这种规律，我们可以将手头需要做的事都列出来，有一些是容易的，有一些是困难的，那么将一件最紧急要做的事情1标注出来，选择一件比它更难完成，所需时间更长，但是不够紧急的事情2列在表中，经过这样的比较，那件必须要做又最紧急的事情1就显得不那么难做了。根据避难选易的原则，我们就成功地实现了自我欺骗，这样，既解决了所谓选择难的问题，又实现了正视应做任务的目的。

💡 戒拖小贴士

1."两弊相较取其重"，简单选择容易行。

2.责任不因逃避而不需承担，越准备得充足，完成得越好，产生不良后果的可能性就越小。

未来总要来，别让未知的恐惧吓倒你

据玛雅预言传说，2012年12月31日第四个"太阳纪"将结束，一切生物将随之化为乌有，我们生活的地球也将消失，这被称之为"世界末日"。在"世界末日"这天到来之前，有许多相信这个预言的人都做好了准备，比如胡小懒，自从听说这个预言后他就倍感焦虑。每一天都倒数着日子过，想想自己还这么年轻就要消失，有太多的事情还没有做。比如恋爱，比如旅行，比如挣大钱，比如骂领导……既然一切都要结束，那他一定要过一段自由自在的日子！他向公司请了年假，整整七天，这段时间他任意吃喝，买所有自己喜欢的东西。他认为反正世界末日了，钱留着也没有用，不如及时享乐！果然这想怎样就怎样的日子过得十分快活，七天一晃就结束了！

又回到公司上班，胡小懒的心思还停留在享乐世界，所有的工作都拖拖拉拉，被主管骂了一次又一次。胡小懒忽然觉得，自己一生都过得平淡如水，应该在最后做一件惊天动地的事情，这样才不白来人间一遭。经过反复思考，他决定，在2012年12月31日到来之前，要把主管狠狠臭骂一通，这六年来，主管一直对他的工作分外挑剔，既然"世界末日"了，也就无所顾忌了。

到了2012年12月29日，这天是周五，一大早，主管把胡小懒叫到办公室骂了一通，让他重做企划案，告诫他如果今天交不上来，周一就不用来了！

周一？世界末日都到了，还会有周一吗？但是主管发火了，好汉不吃眼前亏，他接过企划案退了出去。

胡小懒接了企划案却并没有开始做，直到下午上班的时候，企划案还是早上翻开的第一页。Frank凑过来关心催促他，胡小懒翻个白眼："世界末日之后，我们还能存在吗？世界都消失了，我还怕什么周一不能来公司？"胡小懒的一句话将Frank逗得大笑起来："真没想到，你居然相信这所谓的预言！怎么可能有世界末日？如果你今天不按时完成这个稿子，就真的世界末日喽！"

胡小懒被Frank的话惊到了，难道只有他自己相信了世界末日的传言吗？看看周围的同事，依旧努力工作，根本不像是即将面对世界末日的样子。他看看摊在桌子上的企划稿，犹豫了半天，忽然意识到，如果真的没有世界末日，这份工作不就危险了。他开始担心起来，不得不开始修订企划稿。

由于之前的拖延耽误了许多时间，这一下午他忙得不可开交。查资料、改数据、重新下载图片、制作柱状图等等，他一会儿在电脑前忙，一会儿跑到复印机前忙，眼看着时间一分一秒地过去，下班的时间越来越近，他就越来越着急。总算踩着下班的时间点，将稿子交到了主管的手上。

如果主管说这份稿不行，也许这一下午的忙碌又要重新开始，胡小懒紧张地望着主管的神情。主管认真地对他的稿子进行了审查，只是提出了几个小问题，稍做调整就可以了。"行了，以后如果是这样的工作效率和任务质量就可以了！"主管合上稿件，对胡小懒说道。胡小懒道谢出来，大松了一口气，暗暗想道："这比世界末日可惊险恐怖多了！"

12月31日如期而至，胡小懒一天都在等待，小心地观察着周围的一切，生怕下一秒突然之间看到天崩地裂，一切灰飞烟灭。在等待的过程中他睡着了，等他醒来，已经是星期一的早上。他望着外面的太阳，高兴地从床上跳了起来："没有世界末日，我还活着，太好了！"他抬头看一眼高升的太阳，突然感觉一切是如此美好。

胡小懒因为惧怕世界末日的到来，准备在之前极尽享乐，不留遗憾，同时对应该做的事情非常懈怠。这是典型拖延症患者的表现，对于即将到来的事情分外担忧，用其他事情转移注意力来获得暂时性的快乐，从而压制内心的不安情绪。这种快乐不仅不可能长久，也是非常虚幻的。这就像是驼鸟一样，把脑袋扎进沙子里以为看不到危险，危险就不存在了。事实上，未来还在原定的轨道上以既定的速度渐渐靠近，不管是快乐还是不安，它终究会到来！而且，当未来真正成为了现在，也许你会发现，实际上它根本不像你想象的那么可怕。就像胡小懒的"世界末日"一样，那个早晨，太阳依然照常升起，晚上星空依然灿烂！

时间无法停止，未来一定会到来，不要用虚幻的想象吓住自己，或者用暂时的享乐掩盖不安的情绪。假如现在有一件任务非常重要又非常有难度，它已经将你完全吓住，一心只想逃之夭夭，那么你可以通过下面的方法来进行自我救赎。

首先你要让自己明白，这么难做的一件事在短期内轻易完成是不可能做到的，但是你可以像蚂蚁搬家那样，一点一点地攻克它。

其次要开始分解你的任务，将它从大到小进行拆分，每一层级的难度不同，最末梢的那一项，你会发现是非常容易完成的，根本不需要害怕。

最后，给自己划分一个个的时间单位，每一刻钟或者二十分钟为一单位，去完成一定量的基础工作，逐步上升，逐渐将整个任务都解决掉。

对未来的恐惧实则是对工作结果的恐惧，你害怕的不是某个时间节点，而是在那个时间要验证的工作结果。你觉得自己可能做不好，或者做不完，会被人否认、嘲笑，这些可能产生的负面结果让你倍感压力，由此对开始这项工作产生了抵触，可是如果你做的是一些并不费力的事，那就不会产生抵触情绪。如果能从你必须要完成的任务中发现一定可以做到的事，那么先把这一件事做了，即使是非常微小的一件事。轻松完成了一些任务，会带来一定的成就感，成就感会促使我们继续挑战更艰难的任务，并最终完成它。

有人说，自己最喜欢的就是享受，享受谁不喜欢？只是看这个分寸如何把握。有些人在做工作的时候会不断受到其他信息的干扰，造成正事一再拖拉，无关的事倒是干了一堆。解决的方法是，在任务启动之前列出一个表，将一些与工作无关，且不会影响工作的事情与工作任务列在一起，最好是平时想做，但又以各种理由拖着没做的小事，比如读一本游记，品一杯咖啡，给花剪枝浇水等。在进行工作的过程中，如果出现了不想继续的情绪，就给自己五分钟更换进行的内容，去做那些小事。以这样的方式来转移拖延的不良情绪，即使是拖延了，但实际上是做了其他喜欢做的事，这就像是进行了自我奖赏。这种自我调整的方式不是无用的享乐，不会产生负罪感，还会让压力减轻，想想即将到来的"交作业"时间，也就不会感到可怕了！

💡 戒拖小贴士

1. 不要用想象出的未来，吓住现在的自己。

2. 时间不会停止，笑着迎接未来。

3. 学会分解任务，让成就感带你走出拖延。

定时定量，困难终会被你一点点吃掉

很多人擅长列计划，但是却不善于落实，一直处于纸上谈兵的阶段。每一次开始落实的时候，拖延症患者总是会习惯性地找到各种各样的理由，最后让拖延继续，变成如影随形的生活方式。今天拖明天，哪怕事情已来不及，还会寻找其他延后的借口。其实，这就像是小朋友去学课外班，如果是他喜欢的科目，每次上课他都会非常积极，反之，他就会找各种理由拖延。这就是一种延迟痛苦的表现，成人和孩子没有区别。还有一种是需要较长时间才能完成的任务，必须经过一定的时段才能验证结果，这种未知的结果会让人感到难度增大，拖延随之而来。

胡小懒有个表妹就属于典型的"行动永远在明天型"！

他形容自己的表妹是：负能量爆棚，且胖得没有人愿意养！

胖子，一是能吃。一顿能吃两到三个人的饭量，而且不挑食，可以说只要是毒不死人的食物，她都敢往嘴里塞。二是少动。如果能坐着绝对不站着，如果能躺着绝对不坐着，如果能睡着绝对不醒着。三是颜值爆低。都说"一白遮千丑，一胖毁所有"，小表妹属于已经被毁到极限的那种。

这个表妹马上就二十六七了，别的同学早结婚生子，或者有男朋友了，而她的身边，除了很丑的胖姑娘，就是很胖的丑姑娘。姑姑很着急，多次给胡小懒打电话，让他给表妹介绍对象。胡小懒给小表妹介绍了几次，对方都嫌她胖，一次也没有成！

连续的打击让胡小懒不得不对表妹说实话："如果你再这么胖下去，注定是个孤独一生的胖子，到死也就是个死胖子！"

表妹被他说的话刺激到了，她信誓旦旦地对胡小懒发誓："我一定减肥，瘦成一道闪电，让那些嫌弃我的人对我刮目相看！从明天开始，我每天跑五千米，不信瘦不下来！"为了避免自己睡过头，她把闹钟一字排开放在床头，让它们集体叫醒贪睡的自己。

早上，表妹在三个闹钟不遗余力的集体轰鸣中醒来，一看外面，下雨了！她对老天千恩万谢，然后又睡去了。第二天早上，被叫醒的表妹看看外面没下雨，不情愿地洗漱换衣出来，结果刚走到楼道口，就被一股冷风吹了回来！第三天，她总算是来到操场跑了两圈，却由于体力消耗很大，感觉到太饿了，又狂吃了一顿，运动消耗的能量被超额补了回来！虽然她告诉自己这是最后一餐，吃饱了好减肥，但接下来的事情可想而知，她的减肥计划就这样在各种"外界因素"的干扰下以失败告终。

二十天后，胡小懒见到表妹，以为会看到她变瘦，却惊讶地发现，反倒又胖了一圈！对于这样的结果，小懒只能一声叹息："唉，你的婚姻大事，看来我是帮不了你了！"

解决拖延的一种有效办法就是即时行动，养成良好的习惯。然而，说起来容易做起来难，怎么才能解决这个问题呢？

表妹对自己的行为也十分懊恼，然而，她确实不知道自己怎么样才能实现瘦身的梦想，每次一想到减肥，就觉得是一件永远无法完成的任务，尤其是她实在找不到能够一直坚持不懈的方法。

然而这天，表妹却有了惊人的发现：分公司同事小陈半年多没见，竟然瘦了一大圈，脸色红润，精神饱满，人显得漂亮了许多！她追着小陈问怎么变瘦的，小陈告诉她："控制饮食和健身，坚持下来就行。"表妹感叹一声："道理我明白，可是，我就是做不到啊！"小陈笑着说："那我告诉你一个秘诀吧！"

原来，小陈之前和她一样是个胖姑娘，而且是绝对的吃货，从来都与运动绝缘。但是后来她快要结婚了，发现所有看中的婚纱都穿不进去，即使勉强穿进去了也完全穿不出效果，为了在半年之后的婚礼上成为最漂亮的新娘，她决心减肥。

最初，小陈和表妹一样失败，为了改变这种情况，她向一位健身教练请教，终于得到了一个非常有效的减肥秘诀：定量。运动的时间定量，每次十分钟，快走、慢跑、骑自行车，项目内容不限，只限时间，每一次完成之后，可以慢走三分钟，以恢复体力，再进行下一轮的运动，这样交替完成，就不会因运动强度过大而无法持久。在控制饮食上，要少量。平时就餐要用较小的餐具，一次性盛满，不再添加，如果遇到了非常喜欢吃的菜，尤其是肉食、甜食，就更要限量，一块或者夹一筷子为限。这样，既能安慰一下吃货的心，满足一下吃货的胃，也能控制住热量的摄入。

经过三个月的坚持，小陈的身体有了变化，运动的时候不再气喘吁吁，对肉食、甜食也不那么渴望。半年后在她的婚礼上，小陈终于成了最漂亮的新娘！从此她爱上了运动，现在还兼职做着健身教练，并以自己为例不断地激励大家健身。

小陈对表妹说："其实瘦身和其他任何事情都一样，不管你拖多久，最终还是要面对。每次因为肥胖而苦恼的时候，就是你面对痛苦的时刻，要减轻痛苦，那就从定量饮食、定量运动开始，再逐步地加大运动量，继续控制饮食量，改变你的身体机能。体型好了，体质强了，美好的一切自然会来！"

拖延症的发作会体现在生活工作的各个方面，为了提升效率，减轻任务难度带给人的压力，可以根据个人情况，像小陈的瘦身计划一样，进行"定量化解决"，设定专门做任务的时间。就是说，在完成一项任务的时候，给自己一个明确的时间要求，比如，设下十五分钟为一个时间节点，在这十五分钟内必须专注于工作任务，其他任何干扰事件都不得涉及，直到十五分钟结束。如果做到了十五分钟的专注，那么可以休息几分钟，或者喝水，或者上厕所，然后，再设定十五分钟的倒计时。因为倒计时的方式会让人产生紧迫感，有利于督促你更加专注于正在进行中的任务，受到其他因素的干扰也会少。即使是被外来因素影响到了，有短暂的抽离，也可以根据设定时间来提醒自己，只有五分钟了，很快就可以休息。这样，每次的时间不长，容易做到，同时，在进行时间管理的基础上配合任务分配，就可以更有效地提升工作效率，从而将压力切割分块，消灭于无形！

无论是单项任务还是长期的任务，都可以实行定量分割，计划做得周详些，起始阶段的任务分解得简易些，从最容易的入手。现在开始，将所有拖延的任务一点一点消灭掉。毕竟，不管拖延多久，该完成的工作还要去完成，该面对的困难还要去克服，既然总归是要到来，那么，就从现在开始动手吧！

💡 戒拖小贴士

1. 拖延的只是时间，而不能让任务消失。

2. 该谁做的事，最终还是要做，不如从现在动手。

3. 实行定量分割，逐步消灭任务。

直面现实，勇敢踏出第一步

自从大学同学聚会过后，胡小懒的心情不是很好，他的脑子里总是有个念头时不时冒出来，让他会莫名其妙地烦躁，以至于没法安心工作。

事情的起因是这样的：那天胡小懒去参加大学的班级聚会，见了好久没有联系过的同学，最令他高兴的应该是见到了大学时上铺的好兄弟石头。

石头毕业以后申请了国外的研究生，直奔美国去了。其实他在大学期间就一直有出国的计划，加上没有在国内考研、考公务员的打算，父母那边也没有什么压力，所以整个大学期间的主题就是围绕着留学，无论是学校的交流项目还是搞研究、写论文，石头因有着明确的目的，每一步都走得踏踏实实。一到大四，石头早已紧锣密鼓地准备好了材料，拿了一个名校offer（录取通知书），一切都显得顺理成章、水到渠成。

五年过去了，石头现在也已经回国在一家外企开始了新的生活。谈起外企的企业环境和未来的职业规划，石头还是像大学时那样踌躇满志。反过来瞧瞧自己，看着自己日复一日的平淡生活，胡小懒有些消沉了。

说实话，石头的生活胡小懒不是没有羡慕过，他也希望自己能够找到一个更高的平台，在一个更好的环境里面打拼属于自己的未来。可是大学时期，他拖拖拉拉地错过了考研，迷茫在是去工作还是再复习一年考研或者出国等选择当中。他并不知道自己适合做什么，也不知道未来应该是什么样子；更不知道自己今天所做的选择会对未来有什么影响，就是这当初的拖拉和迷茫带来了今天的困境。

那天聚会时，两人聊得很多，在聊天中，胡小懒突然意识到，自己已经快要迈出"年轻"的大门了，有些事情再不做就来不及做了。他迷迷糊糊地对石头说："其实当时很羡慕你，可以出国学点东西。等我想去准备的时候已经晚了……"石头用力地拍着他的肩膀说："出国不是出去享受的，所以不用羡慕，不过是能继续上学积累点东西罢了。其实做什么都不晚，只要看清楚现实找准方向，走出去第一步，以后的事情就顺其自然了……想做什么就赶快做，否则会遗憾终身。"

那晚他们聊了很多，说了很多话，但是唯有这一段让胡小懒印象最深。所以最近他在犹豫，如果有了offer，是不是要放下手里面的工作，辞职去上学。其实也没有什么好犹豫的，因为目前他所在的这家公司并没有足够大的上升空间，如果想要在行业里有所成就，日后必然会面对跳槽的现实。而胡小懒之所以会犹豫，不过就是因为一想到出国要办的手续，要准备的资料，要看的书，就有一种畏难心理，拖延症乘虚而入让他拿不定主意。

终于有一天，刷微博的时候看到"世界那么大，我想去看看"的内容，这句话惊醒了胡小懒，让他决定无论如何要为了自己拼一把。就算过程艰难，也不过是咬咬牙就过去的事情罢了。于是，胡小懒开始了自己的"踏出第一步"计划。

他在自己的日程表上先是制定了大致的时间规划，同时又做出两套方案，一套是前方落实，另一套是后方储备，以给自己留条后路。

整个计划的"第一步"是搜集资料，包括各大学的申请要求、入学须知。因为各个学校的申请时间不同，注重的因素也不尽相同。所以需要掌握节奏，注意每一个小的细节，让自己的文书和推荐信等材料力臻完美。

单单是挑选学校这一步就用了胡小懒大部分时间，看着被自己画得满目疮痍的日历，胡小懒真心体会到万事开头难的精髓。经过两轮筛选，咨询了石头，又参考自身的条件，胡小懒最终确定了10所目标大学。第一步算是完成了一半！

接下来就是准备需要提交的材料，包括本科成绩、毕业证明、学位证明等，以及最为重要的研究计划书。胡小懒每天看着被自己安排得满满的日程，有一种难言的感动，他觉得自己终于是在努力去做一件为了自己的事情了。

在为出国准备越来越多的事情时，胡小懒开始觉得自己和以前不一样了。自从开始"踏出第一步"计划，他没有再犹豫过，没有再怀疑过自己的选择，他的心里只有一个声音，就是"直面现实，勇敢走出第一步！"虽然他有过重新开始看书时的各种困惑，有过下笔要写东西时的迷茫，但好在自己基础扎实，英语也不错，所有的事情都一步一步走上正轨。

其实，每个人都有那么一两件自己一直很想去做，但却因为各种原因一直拖拉着没有去做的事。有的人想跳槽，却不想承担风险，不敢面对新环境，不想面对重新开始的现实，就一直畏畏缩缩，默默在原公司里毫无滋味地过了一天又一天。有的人想要锻炼身体，去晨跑，临了却找各种借口，比如前一天加班睡得晚、天气不好刮风下雨、失恋了心情不好等来为自己开脱，试图证明不履行对自己的诺言是因为外界客观因素导致的，而非自己不努力。还有的人想要攒钱买一套属于自己的房子，结果每天晚上一躺上床就开始逛淘宝，本来不大的房间里堆满了为凑单免运费的没用物品，买房子的宏伟愿望就在这些瞬间的小小的愉悦中逐渐被遗忘。

作为一个成年人，对自己要有起码的克制与要求。如果凡事都要找理由找借口，顺着自己的意愿，到头来只能是一事无成。能给人带来成就感的东西必定是经过万千考验和重重挫折的。看着别人一步一步向前努力着，再看看自己好吃懒做懈怠着，别提有所成就，就连基本的自我认可都达不到。

对于拖延症患者来说，直面现实，勇敢踏出第一步，是最难的。难点有三：一是要冲破思维的局限，下定决心有意识地督促自己去做一件事。很多人在一天天的平淡中渐渐迷失自己，连一件自己衷心想做的事情都找不到，这才是最可悲的。

二是进行合理安排，并坚持自己的计划，做好面对进行过程中的各种困难与突发状况的准备。更多的人在做好计划的前几天，还是意气风发，过几天就开始松懈，毕竟生活里琐碎的事情有很多，每个人都不是简单的独自存在的个体，都会随时遇到来自方方面面的突发状况。所以，如何坚持自己的计划，就成了通向成功路上最需要解决的问题。

三是重复去做简单的、貌似没有什么乐趣的小事。做这种事在短时间内可能看不到成果，比如，每天背200个单词，基本不可能在短时间之内看懂英文原版小说；每天锻炼一小时，也不可能马上就实现强健体魄的目标；每天看书一小时，也不可能在短期内知识渊博、才华横溢。要想达到目标主要还是依靠两个字："积累"。不要因为短时间没有看到成效就怀疑自己的选择，怀疑事情本身的对错。乐趣，是自己给予自己的。

戒拖小贴士

1.轻度拖友可以制定一个条理详细的日程安排表，这可以大大提高踏出第一步的效率。

2.资深拖友可找人监督自己的任务执行，在别人的督促之下逐步前进。

列出你的不可逃避清单

胡小懒刚开始使用APP（应用程序）后，在里面给自己罗列了很多每日必做、每周必做甚至是每月必做的任务，刚开始看着满满当当的安排，他还兴致勃勃地去一件一件完成，但是时间久了他就觉得有点吃不消。就连"每天必做——泡脚半小时"这种可有可无的事情也写在里面，难怪他压力那么大。放眼望去，胡小懒的任务安排中有不少像泡脚这种类似的计划，上至买菜时间下至泡脚计划，胡小懒基本上已经把自己的所有时间安排都写在了里面，自我管理清单已经快变成了自我检视和自我摧残。

直到有天胡小懒实在受不了了，他觉得去记录买菜的用时甚至比买菜本身都要花费更多的时间。现在，对他来讲，记录时间去完成任务已经成为了一种负担和累赘，虽然不完成会有负罪感，但是完成后会有更深的疲惫感。他已经不想再看到自己的日程安排了，他先是把声音提示都关掉，然后进一步又关掉了屏幕上的提示信息，就这样一步一步远离了曾经捧在手心，恨不得一天二十四小时都细细记录的APP（应用程序）工具。

一个偶然的机会，他发现，公司的小T和自己用的是同一款软件，但是人家已经用了半年了还没有什么"临床反应"，胡小懒怀疑，也许是自己身上出现了什么问题。他借来小T的手机一看，依稀认识到了自己的问题所在。

小T的任务清单清爽简洁，简简单单分成工作、生活两部分，每一部分里只有不超过五个本周必须完成的任务，仅此而已。

小T也欣赏了一下胡小懒的任务清单，看过后小T笑着对他说："小懒兄，你这个给不知道的人看了，人家还以为你是在记录'生活流水'呢。"我们每天要做的事情都需要事无巨细地计划或记录吗？当然不需要。小T建议胡小懒先做一件事，就是给自己的诸多任务分分等级。从难至易分为三个等级，所有的任务只分成"工作""生活"两大类别，然后在纸上把要做的事情一条一条写下来。比如，买菜、做饭、泡脚就是典型的"一级生活类"，早睡早起就是"二级生活类"，完成文艺汇演策划是"三级工作类"，准备总部开会时领导的发言稿也是"三级工作类"。

就像这样，不知不觉间，胡小懒写满了一张纸，左边是工作，右边是生活。密密麻麻的全都虎视眈眈地瞧着他。接下来，就是把一级任务删除，仅保留二级和三级任务，而二级任务不做任何提示，仅是摆在那里，只有三级任务才会设置每日提醒。

经过小T的点拨，胡小懒的任务清单也迅速瘦身成功。现在看起来虽然还是有不少的事情，但确实轻松了不少。小T还友情提示："先这样过渡一段时间，等一两个礼拜之后，就可以再给现在留下来的任务分三个等级，如此再来一轮，那时候剩下的可就都是精华。"

胡小懒恍然大悟，太多的安排意味着眉毛胡子一把抓，生活里找不到重点。想要把精力均分给每一件事情是不可能的。凡事都会有主次之分、前后之分。分清楚主次前后，找到重点，就像写文章那样详略得当，才是聪明人的做法。

一个月以后，胡小懒的任务清单也像小T的那样简短整齐了。必须做的事与需要做的事分得很清楚，即便现在手机不在身边，他心里也十分清楚，自己要先做什么再做什么。而生活和工作中的那些细微的小事，胡小懒单独记录了一个小单子，每天找出一个时间段统一完成。比如说，收拾房间、洗衣服、喂鱼，这些就集中在奇数日去做，而倒垃圾、洗澡、看杂志，就集中在偶数日去做。

这样一来，无论是重要的事，还是日常小事，都可以合理地安排时间。不会因过于忙碌而忘掉其中任何重要的某一件，而即便忘掉，也会有充足的时间去补救，现在的胡小懒终于可以睡个踏实的安心觉了。

其实，在每个人的生活里，在一个阶段或者是一个时间区间里，只有那么一两件大事。有一种是时间跨度比较长的任务，比如说婚礼的准备、新家的装修，又比如说考研复习。这些是你没有办法逃避的事情，这个时候你就需要抽出大部分的注意力优先解决掉这些"不可逃避的任务"。在这个母任务之下，你需要划分出更加详细的子任务，然后对这些子任务进行等级划分，或者说是难度划分，优先解决重要的、困难的任务，简单易做的小事情就不用天天摆在眼前让自己紧张兮兮，可以推后集中处理，但并不意味着不处理，分开单双日，会让任务完成起来更有节奏感。

另外一种是时间跨度相对较短，但也是十分重要的任务，比如当下需要完成的策划，又比如即将要进行的搬家。这些也是没有办法逃避的事情。那么就要集中火力，先攻克这部分"难题"，在剩余时间去解决其他的事情。

如果十分巧合，假如你大学刚毕业就要准备婚礼，同时还要去装修婚房，而且踏入社会的第一份工作也要开始了……在多个重大任务向你涌来的时候，更要坚持"不可逃避"的法则。在这个时候就要更加高效地利用每一分每一秒的时间，合理地规划安排，路要一步一步走，饭要一口一口吃，即便是千头万绪也一定有破解之道。生活不会看你的心情办事，有的人看起来很忙，好像有无数的大事情要处理，但实际上忙了一天回到家里，想想好像自己也没有干什么大事。有些人看起来悠闲，但是一年之中又是升学，又是实习，连带旅游散心，再参加几个了不得的比赛，回头一看，居然完成了多少人花几年都没有做完的事情。

所以说，不要看生命的长度而要看生命的深度，讲的就是这个道理。忙有的时候并不意味着生命得到了有效的利用，当你合理划分时间后，反而会意识到自己渐渐没有那么忙了，每一件事情都在逐渐走向正轨，朝着各个方向自如前进，并不需要二十四小时提心吊胆。每一天只要先完成最重要的那件事，再花点时间集中解决掉剩下的不是那么重要的事，还会有很多空余的时间，可以拿去散步、看电视、玩会游戏，或者是多睡一会儿。

一份糟糕的任务清单，莫过于上面有成千上万件待办事项，还各种分门别类，巧立名目。这种清单只要看一眼就会充满压力，更别说去执行。如果你的任务清单需要瘦身，或者你的执行力并没有你自己认为的那么强，那么，你就需要清除掉里面不必要的任务。"你的任务清单中只有20%的任务贡献了最重要的80%的价值"，记住这一点，然后，放心大胆地去把那些无价值的任务都消灭干净吧！

当你看到一个任务清单里全是自己无法逃避，不得不去做的任务的时候，一方面你不会忽视掉这些事情的重要程度，让他们被埋没在日常的琐事之中，另一方面，个位数的任务也不至于让人产生畏惧心理，出现逃避和止步不前的情况。当你从心里接受了把事情按照主次排序之后，你会发现，任务执行起来比之前要更快、更好！

💡 戒拖小贴士

1. 轻度拖友可选择把无法逃避的任务总数控制在十个以内。

2. 资深拖友可多经过几轮的筛选，来寻找任务的主次顺序。记住:欲速则不达，不可操之过急弄巧成拙。

【涨知识】你知道吗，名人也会拖延

当我们一次次地想改变自己的拖延毛病，却又改不掉时，我们一定会痛苦，埋怨自己不争气，毅力差。然而，你知道吗？不仅是普通人在遭遇着拖延症带来的种种困扰，很多取得不小成就的名人也曾深受拖延症的影响。

【达·芬奇】

这位才华横溢，在建筑、解剖、设计、艺术及数学等多个领域都取得卓越成就的才子，竟是一名资深拖延症患者。

我们都知道，他的《蒙娜丽莎》和《最后的晚餐》可谓是天才之作，然而，他画这些画作时，却因为拖延而无法按时交稿，造成客户对他产生极大的不满。《蒙娜丽莎》用了4年，《最后的晚餐》用了3年的时间，试问，哪个客户有这么好的耐心等待呢？据记载，在达·芬奇去世时，他手里还有五六幅未完成的画作，他一生留给我们的画作也不到20幅。如果达·芬奇能够克服拖延症，我们今天想必会看到更多他的传世佳作。

达·芬奇曾在笔记中这样写道："告诉我，告诉我，这些事情到底要怎么完成？"拖友们看到他的这句话会不会感到非常熟悉？这与我们平时常看到的抱怨毫无区别，可见达·芬奇在面对拖延症上与我们普通人毫无二致，并不会因为他的才华和名气，而免受拖延的危害。

【坂本龙马】

坂本龙马，是日本明治维新时期的维新斗士，但这位日本的民族英雄却因拖延而导致了不得善终的命运，可谓在拖延症历史上画下了浓重的一笔。

坂本龙马是一贯不拘小节的人，他性格豪爽，喜欢新鲜事物，敢于做第一个吃螃蟹的人。他也是日本第一个带新娘度蜜月的人，更首次提出了"日本国"的理念，引起诸多争议。他还是日本第一个运用《万国公法》与外国公司打官司，并取得胜诉的人。似乎拥有这样性格的人应该不会拖延，即使有拖延症也不应该严重才对。但他却被现今日本精神医学研究者们认为是注意力障碍(ADHD)疑似患者。研究者们普遍认为，他的注意力有些涣散，导致他在关键时刻严重拖延，进而导致了不可弥补的后果。

在坂本龙马去世之前，就有人多次提醒他，最近有人要暗杀他，建议他最好去一个安全的地方避难，但坂本龙马却总觉得暗杀这件事离自己太远，就拖着没有去避难。谁想到，最后，一次非常简单的暗杀行动就让这位英雄丢掉了性命。

【亚伯拉罕·林肯】

亚伯拉罕·林肯是美国第16任总统，他深受美国人民的爱戴。在美国拉什莫尔山上，刻有四位总统的头像，其中一位就是林肯。

　　林肯出身于贫穷家庭，只接受过短暂的教育，但他却是个好学的人。然而，林肯在对待个人形象问题上，拖沓的态度十分明显。在竞选美国总统时，林肯夫人曾为他精心打造了一个适合他的形象，可林肯最后出席在众人面前时，却没有按照夫人设计的形象登场，而是一副衣冠不整的潦倒之态。林肯的办公室里也是乱糟糟的，他的桌子上堆满了资料，他的秘书要想在里面找到一件有用的文件都很困难。这与今天很多拖友们乱糟糟的房间和办公桌是多么的相似。或许，林肯不是没想过整理，只是一直拖着没去做。

　　与坂本龙马一样，林肯在去世之前，也曾多次收到过身边人的提醒，有人准备刺杀他，甚至他本人还曾做过被人刺杀的梦，可林肯就是与往常一样没有放在心上。他房间的锁原本是好的，很多天前却坏了，林肯本来想找人修理一下，但却一直拖着没去做，而最后，正是这把坏掉的锁，让刺杀他的人轻易地进入他的房间，对他开了8抢，成功地进行了刺杀。如果林肯知道，一把拖着没有去修的锁会导致自己的死亡，不知他会不会改掉自己的拖延症呢？

第**5**章

别太完美主义，
谨记效率第一摆脱拖延

追求完美固然可赞，但过于纠结则会让你陷入永远无法完成甚至不愿开始的泥淖。记住，凡事没有最好，对于你的工作，保质保量完成是首要的。当然如果时间充足，追求完美也未为不可。但一定要给自己留有应对突发情况的时间。

没有最好，摆脱不必要的纠结

资深拖延症患者胡小懒有一个资深完美主义患者的死党坚子。可以说，坚子在工作和生活中是个严格的"完美主义者"，比如，打扫卫生的时候绝不允许遗留任何一点垃圾，所有物品必须摆回原位；工作的时候即便是一篇并不怎么重要的小稿子，也要字斟句酌翻来覆去地考虑，磨磨蹭蹭要一天才能写好。

这天，坚子其实一整天并没有很多事情要做，全天的工作任务也就是完成三篇领导的发言稿。按照正常流程来做的话，无非是从资料里面找出以前用的模板，然后以模板为框架，把内容充实到里面，仅此而已。

但是坚子可不像胡小懒，他不是一个可以轻易放过自己的人，他一向秉承"高标准，严要求"，不允许自己敷衍。所以，他先是翻出来以前自己写过的所有领导的发言稿，然后通读一遍，接着开始琢磨要怎么写才够新颖别致，让人眼前一亮，又要把握好领导发言的度。领导发言，要幽默但不能轻浮，严肃但不能枯燥。所以，光是一个发言大纲，坚子就写了无数遍，改了无数回。再加上讲话重点、要点，坚子这一个上午下来只写好了一个开头，屏幕上写了删删了写，最后留下来的也就两段字。这已经让他元气大伤了。

中午吃饭时，打不起精神的坚子一想到下午还要回去接着写，晚上甚至还可能会加班，整个人就像是霜打了的茄子。胡小懒看到坚子这副样子，跑来问他怎么了，是不是天气太热在办公室里吹空调吹出病来了。坚子没好气地把自己如何辛辛苦苦找思路，如何辛辛苦苦挖掘创新点，如何兢兢业业做到每篇稿子不重样，如何恪尽职守做一位合格的文案给胡小懒讲了一遍。乍一听上去，感觉他还确实很爱岗敬业，很完美主义。

小懒问坚子是给哪位领导写发言稿，坚子老老实实地回答了他。这下轮到胡小懒哭笑不得，对于坚子来说，曾经猪一样的队友这个时候变成了神助攻，他拍着坚子的肩膀说："坚子，你真的不至于这么挖空心思，保证质量完成也无非是按照模板来，为了小小的任务把自己折磨成这个样子着实不值得。"

其实坚子还不是很明白，为什么自己严格要求高质量地完成工作却变成了别人口中不值得去做的事情。但是在胡小懒的解释下，他似乎有一点开窍了。

每个人在工作中都会遇到很多领导，会有很多工作任务，但是这些任务都是一样重要的吗？答案是否定的。就像人有重于泰山，有轻于鸿毛一样。工作内容也有三六九等之分。重要的任务需要花力气力争做成"上等品"，不重要的则不需要花太多的精力去打磨去反复修改。并不是说不重要的就做成"下等品"，而是说它没有花同样精力的价值。就像养花这件事，重点就在于你提供的花盆的质地与透水性、土壤的属性和养分、花的品种等因素，而不是在于花盆上的图案是否精美，哪怕上面的花纹是出自唐伯虎笔下，但是花盆本身的质地不适宜养花，也不能实现其作为花盆的价值。

"坚子，你这样挖空心思去写这三篇发言稿，按照你的写法可能要写到今晚，写到明天也是极有可能的。但说实话，这种小任务并不值得花费太多时间。毕竟，它的要求是你完成就好了，而不是写得多么精彩。当然，如果你一下笔随随便便就能一气呵成那是你的本事，追求完美无可厚非。但追求完美如果成了你完成工作的绊脚石，那在本质上是得不偿失的。

"你看医院的医生什么时候在有小毛病的病人身上浪费过太多时间呢？大家都是在疑难杂症上花费较多的精力。有的时候，追求完美确实是好的，但在某些情况下，追求完美也是吹毛求疵的代名词。在这个时候，追求完美，就不如踏踏实实地完成工作。"

胡小懒的一番苦口婆心，让坚子豁然开朗。他明白了原来自己是在跟自己较真，所做的这些真的意义不大。

这个世界上有一种人，做事追求完美，导致经常做不完当天的工作，只好没完没了地拖拖拉拉，这种人是真正意义上的完美主义者吗？不过是打着完美主义的旗号罢了。因为他们根本没有分清楚事情的重点与非重点，可能在他们的眼里地上的一根头发是重点，白纸上面的一个小黑点是重点，鞋子上面的一丁点灰尘也是重点。实际上，在工作上，完成任务是第一位的，最好的状态就是，最重要的任务完美地完成，不重要的任务迅速地在有效时间里完成。聪明的人就会这样做，好处就是他们永远会给自己留下足够的时间去面对突发情况。

不要再拿完美主义当借口了，回想一下你的工作内容，里面有哪些是重要的，哪些是次重要的，哪些是非做不可的，哪些又是无关紧要的。把你的注意力、心思、创造力放在最重要的事情上吧，把自己的精力合理地划分，既保证了工作的质量，又可以保证工作的数量。如果你对自己有着极高的要求，那么不妨先在重要的工作上这样要求自己，尝试着把不重要的事情先搁置在一边。等到完美处理掉重要的事之后，再轻轻松松地去完成不重要的事。

如果你对他人也有着极高的要求，那么，不妨先回头看看自己的事情完成了多少，是不是还有很多没做的，是不是还有很多更值得自己去关注的。暗自和别人做比较，不如花时间和精力去提升、完善自己。如果你的工作性质就是要去监督、领导别人，那么不要用完美主义的要求去苛责别人做那些小事，把这种要求放在重要的事情上，如果你自己做到了分清重点，那么，你的组员也会清楚自己最先需要做什么，做好什么。

💡 **戒拖小贴士**

1. 追求完美如果成了你完成工作上的绊脚石，那在本质上是得不偿失的。

2. 轻度拖友可以选择制定一套严格的执行标准，明确区分开重点与非重点。

3. 资深拖友则可以先尝试做一个主次工作的时间区分，限定不同长度的时间完成不同等级的任务。

你以为你真的在追求完美吗

胡小懒很喜欢给自己制定各种各样的计划，比如说"早起计划""看书计划""健身计划"，等等。看上去满墙贴的都是自己的"宏图大志"，但是在实际生活中没有一样是完成了的。比如说，因为早上没有实现早起计划，这会让他心情沮丧，从而不想执行接下来的健身计划、看书计划等一系列任务。

这天晚上，胡小懒躺在床上想："明天开始我一定要坚持完成上面的每一项计划，我早晨要早早起来，然后吃早餐，上午好好工作，晚上回家先到楼下的健身房锻炼身体，回家以后看书……"想着想着，他就睡着了。

第二天睁开眼睛抓起手机一看，已经八点了，他将毫无悬念地迟到了。胡小懒一边十分痛恨自己为什么就是起不来，一边绝望地想着接下来的任务到底还要不要坚持。结果这一天，胡小懒就在纠结中度过了，除了"早早睡觉"做到了以外，什么都没有达成。

第三天依然如此。终于，胡小懒受不了自己了，他跑去跟小T抱怨，惭愧于连基本的行动力和执行力都没有。小T倒觉得这是很正常的事情，因为他刚开始执行计划时也是这样。于是他就问胡小懒："你是不是觉得不做个计划就没有什么动力，就会焦虑？"胡小懒点点头。他又问道："你是不是觉得只要做个计划就能够改变自己，至少是改变的开始？"胡小懒又点了点头。小T继续问："那你是不是一旦有一个计划没有完成就会更加的焦虑，然后什么事都不想做了？"这下胡小懒简直快要把小T视为自己的知己了，自己想什么他完全清楚。

小T说，其实这些问题他自己以前也曾经经历过，也有过这样的心理，他给自己做了很多试图改变自己、改变生活的计划，但是一旦有一条没有完成就会丧失信心，最后满盘皆输。其实，这里面有两个问题，一个是"急于求成"，一个是"只见其表不见其里"。

"急于求成"的问题其实很好理解，就是想睡一觉就把所有坏毛病全都改掉，这种想法致使资深拖延症变成一个强迫症患者。现实是现实，童话是童话，那些故事里面睡一觉醒来发现自己变成公主的事情，根本不会发生在一个正常人身上，大多数人都是数十年如一日地过着平凡的日子。所以，像胡小懒这样急于给自己制定一堆计划，又是早起，又是健身，又是看书，表面上看起来充满正能量，但是实际上没有人可以立刻就转变成功的。

"只见其表不见其里"的问题则是导致计划全部失败的根本原因。这个世界上没有人只是简单下定决心就会有所改变的，想要达成的目标也不是发发宏愿就能够一一实现的。写计划，最终的目标还是为了能够监督自己去执行，只有执行才能让人真正有所改变。所以，就算是胡小懒把计划贴了满墙，心里面没有去做的动力，也丝毫没有任何效果，有的时候甚至会有反效果。表面上，你想改掉自己的毛病与缺点，或者是想改变自己的生活状态，你才会想通过这些计划来修正所有的错误，让事情向着你理想的方向发展。但是实际上，你更焦虑于改变自己的过程，也害怕改变后没有达到自己预期的目标，这就是一种逃避。

小T的话是胡小懒以前没有思考过的，一直以来他只是觉得自己的问题出在执行力上面，却未曾认识到，没有按照预期执行好计划有可能是计划本身的规划有问题，他总觉得有了计划就必然会有改变，计划会指引自己往一个正确的方向前进，但这其实只是在逃避自己真正的问题。而一旦有一件事没有达成，就会产生挫败感，甚至会放弃掉剩下所有的计划。面对挫折和缺憾的逃避，总是觉得要做就要做到完美无缺，拿"完美主义"来欺骗自己，信誓旦旦地承诺下次一定要全部实现，而这其实只不过是为了逃避自己的懒散和不安罢了。

所以说，急切地追求短期之内的巨变虽然有可能是完美主义的某种表现，但更多则是对于自己定位存在偏差和急于求成的表现。想要改变，那就必然需要在某些习惯上做出调整。比如说，想要早起，那么就将"早上8点起床"调整到"早上6点起床"。如果做一个看书的计划，那么就把"每天晚上两个小时上网"调整到"每天晚上两个小时看书"。而众所周知的是，习惯不是一朝一夕就能够养成的。它就像一粒种子，从你种在心里那一刻开始，需要不断浇水施肥，在关心爱护之下才会逐渐发芽，长成小树苗。而要长成参天大树，则需要长年累月的积累。

所以，不要太过急于把自己从一种人转变成另一种人，可以先实现一些比较小的突破，从一些小习惯上逐渐转变。比如，这一段时间就执行一项计划，那就踏踏实实地执行这一项，不好高骛远，一步一步逐渐在生活中改变自己。

这样，你就会发现自己逐渐适应了更多的改变，并且每一个改变都会让你兴致勃勃，充满干劲。这个时候的你会更加积极地塑造一个理想的自己，一个习惯早起早睡、看书锻炼、充满正能量的人。

而想要解决"只见其表不见其里"的问题，则需要更多的时间来认识自己。不要回避自己身上的缺点，也不要害怕失败，要知道，没有人是完美无缺的。在执行计划的时候，或许会遇到突发状况而导致无法按时完成任务，甚至是没有完成任务，这没什么可怕，也没什么不好，即便是去学校上学也有请假的时候。你大可以给自己规定出一个月的"出勤率"。比如，刚开始，你给自己规定"跑步的出勤率"要达到80%，这意味着一个月里你可以有6天用来应对突发情况。坚持一段时间以后，你就可以逐步提高对自己的要求，你的"出勤率"可以从85%再提升到90%。但要记住，不必太苛责，因为你难免会遇到万分之一的意料之外。所以，留出一点空间，让自己能够逐步适应这个计划的节奏，逐步实现自己的诺言。

而一旦你发现自己有一件计划没有完成时，也无须懊恼、悔恨。一则有前面的"出勤率"作为弹性空间，二则你只需要知道所有的计划不过是让自己改变的一个小环节。你的目的并不是一项一项做这些计划，成为一个被计划束缚的人，而是适应改变的这个过程，乐于接受这个过程，从而接近你想要成为的那个理想中的自己。

很多人都觉得，追求完美没有什么不好。但其实静下心来思考一下，这时你就会发现，现实生活中有很多人还没有想清楚自己应该怎么做，就试图尽善尽美地完成每一件事，他们想把大大小小的事都一一完美完成，但是现实的完成情况往往并不如意。

"完美主义"，本质上就是在逃避现实。

💡 **戒拖小贴士**

1. 轻度拖友可选择一个阶段同时完成两项计划。

2. 资深拖友则需要专注在一件事情上，并且在"出勤率"上为自己保留充足的弹性时间。

你是要完美，还是要效率

　　胡小懒的好朋友毛小凡约了他晚上六点半吃饭，但是到了六点，胡小懒仍没有出门的准备。这不是因为胡小懒犯了拖延症，而是因为，他深知毛小凡是个轻度完美主义者。此刻的毛小凡十之八九是在纠结刘海怎么也梳不整齐或是上衣和裤子颜色不搭等诸如此类的事情，这些在胡小懒看来本质上完全没有什么不同的事情在毛小凡那里却是天差地别。胡小懒通常说的"差不多"在毛小凡看来是"根本不是一回事"。毛小凡的世界里，蓝色并非只有深蓝、浅蓝、湖蓝等等常见的几种，可以说，"世界上没有两片完全一样的叶子"这句话简直就是毛小凡的行为准则。

　　"我不和你一块吃了，我手上的事情还没弄完。"毛小凡打来了一通电话。胡小懒一点都没感觉到意外地戏谑道："你的世界又是哪里不对称了？"

　　"我跟你说，我真是被气死了，我让美工部改的荷叶边，他们搞出的那是什么鬼东西，谁家荷叶叠这么多层，基因变异吗！"毛小凡的音量差点没把胡小懒的耳朵震破。

　　即使胡小懒没能亲眼看到毛小凡那所谓的基因变异的荷叶，他也知道那荷叶应该看起来还是属于正常范围内的，当然这个正常范围是相对于一般人而言。

过了好一段时间，毛小凡给胡小懒传来了两张图，胡小懒拼命睁大了眼睛，把图片放大，终于看出来细微的区别，然而毛小凡说的是："看，真正的荷叶边是这样的才对。"胡小懒并不打算在这个话题上继续下去，因为他明白那本来就毫无意义，他问："这个任务终于完成了吧？"

毛小凡的回答是："到处都是纰漏，怎么会完成。"

毛小凡在别人看来并不是一个拖延症患者，因为她似乎总是在风风火火的争分夺秒中度过一天的，然而实际上，毛小凡一天的工作是这样的：早上一到公司，先把任务清单列出来，然后开始执行，先给客户发邮件，输入第一行"尊敬的某先生"，想想不对应该要加上职称，然后改成尊敬的某经理，又觉得加上尊敬的好像显得太客套，又改为了"某经理"，终于光标跳到了下一行，输入了"您好"，突然又想起自己刚才还觉得"尊敬的"太客套，于是改成了"你好"，在敲下回车键的前一秒钟又觉得还是"您"比较有礼貌一些……就这样，等到毛小凡把这封邮件发出去之时，旁边的同事已经把自己负责联系的客户都联系好了。

对于胡小懒这样的人，你有理由去谴责他蹉跎光阴，但对于毛小凡这样精益求精的人，似乎就说不出指责的话。毛小凡自然也不会觉得自己的行为有问题，她总是不厌其烦地把一件事分为若干个部分去完成它们，在每一个细节上的要求都相当苛刻，久而久之，因为过于要求完美，和她共事的同伴们都对她颇有怨言，而她本人也因为这样的原因在完成任务时耗时过长，导致原先欣赏她的上司也对她怀疑起来，这使得毛小凡陷入了一个尴尬的境地。

对于这样的完美主义拖延症，应该要怎么办呢？其实很简单，因为实际上真正的完美是不可能达到的，我们必须要认识到这个前提，我们必须在心理上承认我们不是一个完美的人，放下心里的这个大包袱。

其次，要认识到完美主义的一些显而易见的缺点：1.行动力较差，因为总是在深思熟虑，不敢轻举妄动；2.过于拘泥于一些无关紧要的细节，在这些小细节上浪费太多的时间，因小失大，得不偿失；3.对身边的人和自己都要求过于苛刻，这样会对自己的人际关系产生不利的影响，也会让自己备受心理上的折磨；4.不善于变通，完美主义者一旦走上了自己深思熟虑的路，要变换路线是十分困难的，要做出的任何举动都必须深思熟虑，要改变路线又是一个思想上的大工程。

在认识到这些缺点之后，我们就要着手调整效率和完美之间的关系。首先，要给自己的完美设立一个度，这个度不能超过时间成本，超过后即使是完美也要大打折扣了。比如说，在规定的时间内，把事情做到让70%的人感到满意是一个基本的完美，80%的人满意又是一个更进一步的完美，当然100%的完美这样的度就不要设立了，完美主义者必须承认的一点是，不是所有人都喜欢吃榴梿，众口难调是无法改变的事实。

在胡小懒苦口婆心的劝说下，毛小凡终于做出了让步，决定先试试采用"自设完美度"的方法。一开始的时候，毛小凡给自己设了90%的满意度，但是经过一段时间的验证后，她发现，90%的满意度超过了预算的时间成本，于是她又调到了80%的满意度，经过这样的调整，毛小凡发现工作的效率得到了明显提高，而且因为要在规定的时间内完成让自己满意的事，毛小凡必须要适当地放弃一些让自己没那么难受的"不足"，和她共事的同事们也不用总是担心她的吹毛求疵，上司又再次对毛小凡投以赞赏的目光。

毛小凡也给自己这样的拖延症开出了总结处方：

1.接受"不完美"。世界上没有完美无瑕的事物，所有的事物都存在着内在的矛盾，这是大自然的规律，我们不可能改变，我们只能接受。另外，换个角度看问题也很重要，那些你总是觉得糟糕透顶的东西，试着去重新审视它，说不定会别有一番收获。

2.对自己的能力要有清晰的认识。力求完美固然好，就算达不到100%，达到80%也不错，但是如果自己本身连达到60%的能力都没有呢？给自己设立不属于自己能力范围内的标准，只会拒自己于千里之外，清楚认识自己的能力，能够把握自己能够力所能及的范围，在这能力范围内，发挥全力，也未尝不是一种完美。

3.给自己设立一个小的目标。在达不到100%的完美的情况下，我们就设立一个80%或是70%的完美度，在确定的时间内，完成这个目标，既不会让自己压力过大，做起来也比较得心应手。

4.适时地排解糟糕的情绪。完美主义者对周围人的苛刻使得自己的情绪也变得急躁焦虑，十分影响心理健康。在这种时候，需要找出时间来调整自己的情绪，对自己做的事情做出适当的调整，也可以找朋友或家人倾诉自己的苦恼，缓解压力，不要让负面情绪影响自己的工作。如果一直堆积着消极情绪不去解决，越积越多，无论是对个人还是集体都相当不利。

看了毛小凡开出来的处方，你是不是有种如获灵丹妙药的感觉呢？被完美主义导致拖延的你，不妨先来一个疗程试试看吧！

💡 戒拖小贴士

1.完美和效率有时并不能兼备，需要在二者之间做个平衡。

2.不要因过于要求完美而影响自己及他人的情绪。

3.根据自己的能力设定标准，发挥全力，也未尝不是另一种完美。

不完美，才是生活的常态

前面说了很多关于完美主义的例子，有人可能会发出疑问，生活中真的有那么多完美主义者吗？

其实，每一个人身边总会有那么一些人，他们天生就喜欢制定计划，他们往往会强迫自己做的每一件事情都按着他们的计划走，但当你仔细地观察他们，你就会发现，他们一开始所制定的宏伟蓝图会在不知不觉间付诸东流。他们会自我感觉良好，仿佛自己天生就是个领袖。

他们总是把自己的想法源源不断地向你灌输，他们总感觉自己所说的都是对的，而你所要做的事情却偏离了他们思想的轨道，或者在他们滔滔不绝地发表言论时有人打断了他们的思路后，他们就会暴跳如雷，甚至是摔门而出。

这些人，我们会称之为完美主义者。

对于完美主义者来说，最难以忍受的就是不完美。当他们做好通盘计划，信心十足地去完成任务中的每一环节，最终发现结果有一丝不如意时，他们就会完全否定掉自己的努力，产生自怨自艾、暴躁、恼怒、抑郁等负面情绪。

其实，很多拖延症患者身上都多少有点完美主义倾向。就拿胡小懒来说，他之所以对着电脑一个小时也写不出一页PPT，有时是因为不知从何下笔，无法立刻想出个完美的方案。有一次，胡小懒在最后关头只写出了个自己勉强打60分的方案，胡小懒交上方案后才发现里面有个地方写错了。但没想到的是，这样的方案却得到了客户和老板的表扬。胡小懒有点纳闷。老板说："小懒，你是不是觉得这次没有完全发挥你的水平，你还能写得更好？"

胡小懒点点头，确实自己的实力不止如此。

老板接着说："你以为客户不知道这次给我们的时间特别紧吗？而我们只要能在短时间内，交出一份及格的方案，就已经达到客户的要求了。"

最后，老板拍拍胡小懒的肩膀说："小懒，我知道你们这些做创意的人有时候容易钻牛角尖，但做事情，哪能都十全十美呢，比如你这次方案里有点小疏忽，我和客户提案的时候一起发现了，我就直说'我们策划人员太赶时间，这个地方疏忽了'，你猜客户怎么说，他说：'能理解，能理解，这么短的时间内能把方案的逻辑思路理清就已经很不错了。'小懒，不要纠结那些你心中的瑕疵，那些你所谓的瑕疵不过是白纸上的一个小黑点，不管离远看还是离近看，一张有了黑点的白纸也还是白纸，黑点也不会成为全部。"

此外，一个完美主义者通常是严于律己，并且是严于律他的，他们对别人的要求和对自己的要求一样高；不仅如此，还要求自己一定要超过别人，未必是要成为万众瞩目，但一定要做到最好，接受不了一丁点瑕疵。但他人却未必能接受得了他们的这种高标准、严要求的方式，进而容易产生很多冲突。

胡小懒的朋友坚子曾经有过一个助理，但他由于忍受不了对方工作经常出错，就主动找到老板要求取消助理。其实，胡小懒曾与坚子口中的那个"做事就没做对过的"助理有过一面之缘，胡小懒认为，那位助理其实是一个很积极上进的女生。只是，对于刚毕业的人来说，做事肯定不会像在职场上打磨了两三年的资深人士一样细致到位，公司招聘应届生时支付的工资就那么点，其实就默许了应届生在适度的范围内出错。如果一个应届生做什么事都能做到尽善尽美，那就不该拿那一点工资了。而坚子的那名助理，在坚子日复一日的打击下，估计也会很快主动离职。坚子对别人和对自己是一样的要求，而他对自己的完美要求则让很多人觉得他有患强迫症的嫌疑。

但是实际上，坚子的做法对自己又有什么益处呢？没了助理，许多基础性工作他都需要自己去做。而他对助理的那些要求真的有必要吗？往往是他的这种要求影响了工作的进度，造成严重的拖延。

调整自己的心态，不要让自己活得那么辛苦那么疲惫却还没有什么效率。

一是要改变自己对于事物的认识。带着平常心，知道凡事都有主次，把主要的事情做好其实就已经成功了一大半。这样才不至于使自己时刻处于一种战斗状态，冲锋陷阵与偃旗息鼓本来就应该是交替进行的。事情能够做好是主要目的，至于纠正其中可能出现的不完美并非那么重要。

二是改变自己的处理方式。该集中火力、竭尽全力的时候绝对不可以懈怠，该适度调整状态的时候绝对不要紧张兮兮。无论是工作还是生活，都需要找到一个能让自己舒适的节奏，既不会觉得疲惫不堪，也不会太过散漫而没有动力。

三是要改变看待别人的目光。学着顺其自然，不苛责他人，不强求自己，不钻牛角尖，也不去强迫别人钻牛角尖。这样才能有效地控制局面，掌握大局。

四是承认不完美是生活中常见的现象，是生活的常态。学会接纳不完美，以目的为导向做事情，而不是以完美为导向。

💡 戒拖小贴士

1. 接纳不完美，才能够正视自己的拖延症。

2. 切莫苛责自己与他人。

拖到最后，结果往往最不尽如人意

胡小懒的工作一般不会很忙，应该十分清闲的胡小懒却经常要加班，经常披星戴月地回家。这完全得益于他的老毛病——拖延症。

比如写个小策划，明明不大的一件事，会被胡小懒七耗八耗分解成十几个步骤——第一步打开电脑，新建 Word 文件；第二步泡好茶叶水或是买一瓶可乐；第三步收集资料；第四步整理思路；第五步发散思维……第十步才正式开始写。往往开电脑的时候胡小懒就要去瞧瞧隔壁的坚子，看看他在忙什么，如果对方很忙他就会被轰出来，如果人家不忙他就要在里面闲聊几句。买可乐的功夫也要和前台小妹说笑两句，收集资料的时候，要翻翻以前的文件，看看没用的照片。整理思路，那就是说给别人听的，本质上就是发呆放空。发散思维那就是彻底信马由缰……所以基本前九个步骤就要磨叽一整天，等到第十步，开始敲第一个字的时候已经快要下班了。

如果不巧有不止一个策划要做，那么胡小懒就会开启自己的"终极模式"，不要以为他会抓紧时间提高效率快点做，他的风格就是不拖到最后一秒绝不动笔。他会先发愁，愁一个上午，美其名曰在找灵感，实际上就是不想动笔。然后在已经没有时间浪费，实在不能再拖的时候，再一百个一千个不乐意地坐在电脑面前开始敲字。而这样写出来的策划要么就是丢三落四漏掉了很多重点，要么就是前言不搭后语，逻辑完全不通，光是修改也要改很久。

这就是胡小懒的两种工作模式，其风格反正就是一个字"拖"。"坚持到最后一分钟"已经快成为了他的至理名言。

不要以为他在生活中就会有多好，打扫卫生这件事，胡小懒就能从初一拖到十五，再从十五拖到三十。每个周五都想着"明天我可是要大扫除了，没有人可以阻止我"，可最终结果是自己把大扫除抛诸脑后。往往是在一天快要结束的时候，才开始马马虎虎地收拾。一边洗衣服一边拖地，顺便把沿途捡到的袜子塞到洗衣机里，一边洗碗一边清理客厅，就这样胡乱打扫了一下，反正看起来比打扫前强那么一点。不知道他在这种环境下丢了多少东西，又弄坏了多少东西。

这就是胡小懒的日常生活，保持和工作作风统一步调，能怎么拖就怎么拖，一定要咬紧牙关坚持到最后一分钟。

碰巧又是一个周末，坚子临时有事，要来胡小懒家借住两天，刚一进门，患有强迫症的坚子就被胡小懒家的"壮丽场景"吓到了。他突然意识到自己是做了一个多么错误的决定，当时一定是脑袋坏掉了才会选择来胡小懒家里。

胡小懒赔着笑脸，说："你将就将就，床让给你睡，明天我就大扫除，将就将就，将就将就……"坚子一言不发，黑着脸睡觉去了。

第二天一大早，胡小懒就听见了洗衣机的声音、吸尘器的声音、水龙头的声音，起来一看，坚子已经开始打扫卫生了。胡小懒还挺不好意思的，说："一大早的忙什么，休息休息再打扫也不迟嘛……"

不说话还好，他一张嘴就被坚子数落了一通。

其实，像胡小懒这样的人在生活中很常见。有的人，上学的时候就喜欢周六周日拼了命地玩，作业则放在周日晚上去写，稀里糊涂地应付完事，正确率自然可想而知。这种人，工作了以后也是这样，要紧的事偏偏不抓紧时间去做，总要磨蹭到快下班的时候，那时是他们最忙的时候，能把一天的工作任务都做了，但是里面的漏洞也是层出不穷。

很多人喜欢先做"准备活动"，就像作家要先酝酿一下情感才能动笔，设计师要斟酌一下思路才开始设计，作曲家要等待一下灵感才创作，但是，大部分的人会在这个"准备活动"中迷失，忘记掉自己原本想要去做的事情，等找回方向时，时间已经过去一大半了。针对这种情况，合理的解决方式就是不要犹豫，直接开始，一边做一边思考，在做事的过程中寻找灵感。你可以一开始的时候节奏慢一些，但是不能完全停止不前，这样就不会忘掉重点，更不会忘掉整件事情。

也有一些人是因为缺乏自信，他们总是觉得，自己没有做好所有的准备，工作就不能顺利地完成。实际上，有很多问题在事前准备时是不会想到的，只有在操作过程中才会一件一件浮现出来，等到想好万全之策时才着手去做是不现实的。

和这种有"自卑情绪"的拖延症患者相反，还有一种带有"傲娇情绪"的拖延症患者。在他们眼里，没有什么事情是做不成的，或者说某件事情是轻而易举就会做到的，于是他们就会把这件事情放到最后再去做，然后从中寻求快感和刺激，至于工作的质量，当然是无法保证的。如果是这种情况，不妨试试留出原本预计操作时间的两倍，就是说原本你打算一个小时做完这件事，不妨用两个小时去做它试试。或许真的没有必要花费这么久的时间，但是却可以降低紧迫感，从容不迫地完成任务可以保证工作质量，并且一旦发现当中有未曾料想到的问题，也不会因为预留时间不够而紧张。

就像高晓松说得那样："每次打开跑步机决心锻炼减肥，就觉得应该先去弹会儿琴，打开琴又觉得光弹琴不写歌浪费时间，于是打开电脑，然后上网乱看个把小时；脑子被搅乱了，无法写作，便上楼吃饭，吃完饭脑袋缺血，必须睡一觉，临睡前安慰自己，虽然吃完了睡觉会长肉，但是睡醒了会去跑步机上锻炼减肥……"如果总是把原本要做的事拖到最后才去做，那么永远也别想做好这件事。要战胜自己，就要先战胜那种事情摆在面前却不乐意做的心理。

凡事拖到最后一分钟，在空闲时不会出现什么问题，但在繁忙时往往会出现纰漏，而这种纰漏可能会造成无法弥补的损失。比如，一个学生平常就喜欢拖到最后一天写作业，一般来说只是会暴露出一些小问题，但是当遇到期末考试时，当所有的科目都需要复习却拖到最后一刻的时候，你究竟应该复习哪一门好呢，是复习平常需要积累的语文和英语，还是复习公式多得眼花缭乱的数学和物理，抑或是复习本来就有点摸不着头脑的化学和生物？最后的结果无非是"七门功课挂红灯，照亮我的前程"罢了。

所以，在平时就要有意识地去纠正自己"拖到最后一分钟"的坏习惯。你可以选择把一天的截止时间提前两个小时，也可以选择挑选自己最不想做的事情先做。你可以一边完成工作一边调整思路，也可以在原来的计划上增加一些预留时间。这都可以根据你的心理情况来决定。

不要拖到信用卡该还款的截止日再去还钱，不要心里想着跳槽却好几年没有动静，不要明明需要复习功课却躺在沙发上看电视……你得时刻想着，事情拖到最后往往最不尽如人意。

戒拖小贴士

1. 轻度拖友可选择一边进行工作一边解决问题，避免过度准备。

2. 资深拖友则可以规定固定时间内的工作量，或是减少固定量工作所用的时间。

【发现】你是完美主义者吗

不同的完美主义者有着不同的表现，有的人会努力去克制自己的情感，而有的人则会表露无遗，这类完美主义者，他们自我、固执、焦躁、激动，总是刻意地去强迫他人，这类人往往会遭到人们的厌恶。其实，我们大多数人往往都会有一些完美情结，但这些所谓的完美情结是否会被认为是完美主义呢？那么，通过下面的小测试来看看吧，如果符合5条以上，那你就要注意了。

1.在办公室里或在自己工作的场所中，你正专心工作或者在与人说着某个重要事情，旁边有人在说话或者在打岔时，你的注意力无法集中了，因此你会感到恼怒。

2.在商场购物时，无论促销的人如何极力推荐他们的商品，你都会对他们置之不理，而是自顾自地去寻找一些你自己需要的信息。

3.平日里，你会对那些大大咧咧，甚至是随随便便的人感到厌恶，对那些随意、散漫或者做事情不负责任的人，你会忍不住去批评他们，并会在暗地里与他们疏远关系。

4.在你的脑海中会不断地想同一件事情或者同一个问题，你会不断地给出这个问题的答案或者某一件事情的设想，你会不断地认为，如果这件事以这样的角度去看，会不会更加理想些。

5.你总是对自己、自己所做的事情抑或对他人感到不满，无论在做任何事情的时候，你都会很在意那些细节，你总是会挑剔自己以及别人所做的每一件事。

6.你总是不断地给自己制定一个计划，你对未来总是有所要求，你希望自己所做的事情会按着自己的计划顺利地走下去，一旦这个计划出现了曲折或者达不到自己的预期时，你会放弃。

7.你总是会顾及别人的需求，而放弃自己的需求和机会。

8.无论做什么事情你总是会铆足劲地去做，即便是在玩游戏，你都会全力以赴地去对待，但你却又常常希望自己能够轻松一些。如果当你发现你的搭档并没有按你所设想的去做时，你会很生气地去指责，或者自暴自弃。

9.你总是在工作中觉得别人所做的事情不够完善或者没能一次就把事情做好，你就会在心里对别人所做的事情产生出无数种设想："如果换成我，我会怎么做，然后怎么做。"

10.你经常会对自己的生活和工作环境感到不满意，你会不断地盯着某件物体，然后不断地去摆弄它，直到自己感到满意为止。

相信做完了这些小测试，你多多少少会对自己的完美情结有所了解了吧？其实，追求完美并不是错，每一个人都会希望自己所做的事情或者自己本身能够达到完美的程度。我们只需要保持好平常心态，注意去克制或者改变一下我们那些完美情结所带来的负面情绪，这才是最重要的。

第**6**章

弄清时间都去哪儿了，
用时间管理打败拖延

告别拖延首先需要知道自己的时间都去哪儿了，这需要运用时间管理，管理时间的方法多种多样，发现适合自己的管理方法，才能打败拖延，做自己时间的主人。

番茄时间管理法：切割小块时间

胡小懒在下班时收到了同小区一位拖友江小鹏的短信："今晚让哥贡献两个番茄的时间请你吃大餐！7 点 10 分小区门口团团锅餐厅，已订座不许迟到！"

两个番茄的时间……番茄时间是什么东西？尽管心有疑虑，但这并不影响他按时赴约。江小鹏是胡小懒的革命老战友了，两个拖延症重度患者在某一次拖友活动中发现彼此竟住在同一个小区后，就结成了互助好战友，共同抵抗拖延症，不时交流各种处方偏方及其治疗效果。今天，令江小鹏骄傲的是他拖了许久的学位论文终于有了进展，这两天，他采用番茄工作法，用了八个番茄的时间完成了论文第一章的两个小节。"千里之行，始于足下"，一个好的开始，总是令人对接下来的工作充满了信心，吃顿庆祝晚餐，再向难友展示一下信心，那当然是极爽的！

其实，江小鹏找资料已经找了大半年了，这期间总是觉得材料不充分，无法动笔，于是就拖到了现在。现在，有了开始以后，觉得后面的思路也清晰了不少，所以才有了今晚的庆祝。

对于拖延症患者而言，最难的是迈出第一步。以胡小懒自己的工作为例，拿到简单的任务觉得是小问题，在 Deadline（最后期限）之前肯定能迅速搞定，所以不愿尽早开始迈出第一步；拿到要求多而复杂的案子又觉得麻烦，前期准备完成后也迟迟迈不开动工的第一步。就这样，拖延症让胡小懒没几天就陷入了日夜赶工、不眠不休的疯狂状态。过于忙碌后又是一阵颓废不想工作的状态，如此恶性循环，就像以前读大学时期末复习一样。

这样的生活不仅对胡小懒的健康状况造成了危害，还影响了他的职业道路。毕业后来到这个小公司，四五年间胡小懒曾有好几次机会跳槽到规模更大一点的广告公司，可最后都因为没有来得及上交英文简历或策划书而作罢。

好了，言归正传，下面我们就来看看这个番茄到底是用来干吗的吧。

江小鹏："简单地说，番茄时间管理法就是把工作时间分成几个30分钟，在每一个30分钟里工作25分钟，休息5分钟，这就完成了一个番茄时间。就算25分钟里没有完成你的某个项目也要停下来休息，5分钟后再进入下一个番茄。总之，以番茄时间为主划分时间段，而不是根据项目完成度来确定休息时间。"

胡小懒："噢，脱离项目本身啊。这样会不会在25分钟的时候打断我的某个idea，我为什么不在灵光一闪的时候直接完成任务呢。"

江小鹏："你确定你能一口气完成任务？"

胡小懒："……"

江小鹏："其实也不能算是完全脱离项目，就像我在写的论文，我每天用四个番茄时间写一小节，前三个番茄里每个番茄写一个主题，用最后一个番茄时间润色。在番茄以外的时间刷剧游戏，在玩的同时论文也没有完全丢下。坚持一段时间后，我觉得，明天开始可以每天多增加两个番茄了！"

胡小懒听从江小鹏的建议，先下了个番茄钟APP（应用程序），再看下时间，还有两个多小时才到睡觉时间。第一次不要对自己要求太高了，今晚先试一个番茄吧。定好时间，胡小懒把手机放在茶几上，拿起蒙尘已久的英语书来到书桌前。音乐响起，25分钟到了，可以稍作休息，刷5分钟朋友圈。

5分钟后，胡小懒发现，其实在25分钟内集中做一件事也不难，5分钟的休息时间也够刷朋友圈，这个办法暂时没有让他觉得抵触。于是他在台历上今天的位置上画了一个番茄，表示今天完成了一个番茄。他决定对自己要求低一点，周一到周五晚上一个番茄就够了，周末视情况安排四到六个番茄，关键是要把番茄引入上班时间，以便完成策划书！

在25分钟内集中精神只做一件事，重点在于专注于当下，在短时间里完成不难的任务，让人更有安全感，还可以挽救不少不自信和焦虑的受伤心灵，令他们重拾信心；无论完成多少，至少迈开了第一步，至少还有可见的劳动成果，这也成全了拖延症患者的成就感。此外，在全神贯注的25分钟里忘记终极目标，一心完成眼前的小番茄，效率也必然会有所提高；而在工作25分钟后休息5分钟，这也是给大脑清除垃圾，使大脑保持清醒和活力的有效途径。

第二天晚上，胡小懒在台历上画了五个番茄，一个番茄是英语单词的，还有四个番茄是上班时完成的，四个番茄完成了一份简单的小任务，真的是so easy！平时这么简单的策划书他都是在Deadline（最后期限）急急忙忙赶工的，今天是本着完成一项任务才挑了这份做实验。一个星期后，胡小懒看着台历上每天都是一串番茄，感觉自己又全身充满了正能量。

其实，番茄时间管理法，只不过是像中小学生的课表一样把时间分成块，对他们说一学期有多少课时、有多少知识点，听上去似乎有些恐怖，但是只要求他们集中精力在一堂课上，下课了就尽情地放松，这是可以做到的。背完一本单词书、完成一项大活动策划，会让人望而却步，但是背25分钟的单词就休息一会儿，每个番茄时间完成策划书的一部分，一个大任务被分成好多小番茄，每个番茄都是so easy，这样就不会被任务吓到并产生焦虑打击自信心了。相反，每个番茄都是对自己的肯定和鼓励，使得在完成下一个番茄时更有动力和效率，甚至自己也会追加番茄，不知不觉中就把大任务完成了。

而追加番茄的行为，其实是坚持自我观察和自我分析的表现。因为，番茄时间管理法从某种意义上来说不只是一种纯粹的时间管理方法，更是一项完整的工作管理程序：从规划到实施（包括25分钟工作时间和5分钟休息时间）再到总结（分析和调整）。因此，在观察和分析已有的番茄质量后，人们往往会发现，自己的工作时间实在少得令人惭愧，所以，会在一个半天里多安排两个番茄，这就是合理规划任务和分解任务，以及优化时间安排。追加番茄，也是你在追求一个更好的自己。相反，对于没有按时完成的番茄，也要分析原因，比如，是时间规划不合理，还是杂事太多而导致频频被打断，然后做出相应的调整。

还要善用番茄钟的休息时间。这5分钟是为了劳逸结合，让你抓紧时间玩，也可以利用这短短的5分钟做你喜欢的事情，譬如，胡小懒不喜欢坚持不下来的运动，他可以利用这5分钟做俯卧撑、举哑铃，既放松了大脑又锻炼了身体，可谓一举两得。

此外，通过这个方法，我们还可以回顾工作流程，真正回答"时间都去哪儿了"这个严肃的问题。在哪个任务中花的时间多，在哪些时间段工作效率最高。这样的自我观察和分析，如前文所述，可以令你的时间和工作安排更加优化。

那么，今天你完成几个番茄了？

💡 戒拖小贴士

1. 一个工作项最多8个番茄，如果多于这个数，就可以认为这个任务太过复杂，需要把它分解为几个小任务。

2. 如果一个工作项所需时间的预测值小于1个番茄，那么，可以把它与其他的小任务组合成一个大任务，放在同一个番茄里。

土豆（To-Do-List）任务记录法：明确任务好行动

胡小懒在江小鹏的推荐下，也成了番茄时间管理法的使用者了，这一对难兄难弟在某种程度上还是有不少进步的。

那天，又到了互助组小分队相互汇报、相互督促、相互学习的日子，两人相约在小区亭子里碰面。在夕阳下、微风中、花香里，胡小懒和江小鹏在四角凉亭中彼此交换番茄培育状况。在使用番茄时间管理方法之后，江小鹏的论文大致搞定了；胡小懒这个月的几个小案子也完成了，只剩那两个客户提出的费事到逆天的大任务，这让他总是提不起勇气，总想留在最后不想面对。总而言之，那就是胡小懒的拖延症又发作了。

江小鹏："总体上还是有进步的，每天只要比过去好一点点就够了，根治这种世纪性病症不能妄想速战速决。"江小鹏拍拍胡小懒的肩膀，以示安慰和鼓励。

胡小懒："难道你就治好拖延症了，还不是跟哥一样，半斤八两，五十步笑百步。"

两人肯定了番茄时间管理法的疗效后，决定将此法进行到底，然后做展开讨论。

说到番茄时间管理法，胡小懒与江小鹏用的是同一种番茄钟，不过，他在搜索APP（应用程序）的时候发现，番茄时间经常跟土豆时间联系在一起。因为好奇，他认真了解了一下，心里估摸着用"番茄土豆套餐"可能会更方便点，因为在土豆管理法中输入已经安排的任务后，软件能够根据条件的便捷程度添加到番茄里，对于统计工作流作总结也比较直观。如果把两者分开，使用纯粹的番茄钟，核心就在于半个小时的这一个番茄时间，不管你干什么，只要在25分钟里集中精力做一件事，然后休息5分钟，遵循了这样的时间安排就是一个番茄，在番茄世界里只有30分钟的时间，其余更宏伟的计划和任务则不在考虑之中，所以可以在一定程度上缓解焦虑。而土豆却是任务清单，它在乎的是你做了什么，有多少任务需要完成、任务完成了多少、还剩多少，而不管你用多久的时间。所以只有当土豆和番茄结合后，才会有时间加任务的双重要求。

胡小懒也问了江小鹏，为什么上次不推荐番茄土豆混搭模式。

江小鹏："那你列个土豆清单，你刚刚说的两个大案子要不要放上去？"

胡小懒点点头。

江小鹏："你会不会把这两个大案子分解成小番茄？"

胡小懒摇头："那时候刚认识番茄，还没熟练呢，怎么可能想到要分解成小番茄！"

江小鹏："连分解成小番茄的程度都还没达到，更别说让你做了。你看，现在你完成了那么多番茄还不是没有动那两个策划……"

江小鹏认为，根据他们俩的实际情况，暂时只用番茄钟比较好，等养成了良好的习惯后，再根据需求，自然而然地引入土豆时间。

关于土豆任务记录法，其实我们每个人都用过，即To-Do-List（待办事项清单），因为do（要做的事）的不同，list（清单）也是五花八门，比如，中小学生的作业本，日常生活中的采购清单，这些都是To-Do-List（待办事项清单）的一种。

不少土豆APP（应用程序）会把清单分为Today（今天要做的）和Unsolved（未做的）、Complete（完成的）等几部分，在用户列出清单后，再根据日期考虑轻重缓急排序，所以当然也就少不了Deadline（最后期限）闹钟提醒，这样，用户既能直观地掌握每一项任务的截止线，又能在已完成任务列表中看到已有成果，得到安慰，不至于被需要完成的任务打击得完全失去信心，而是能得到自己一直在明确地前进这样的积极提醒。

使用土豆清单，需要我们随时把接到的任务输入，把想到的事情事无巨细地添加进去。因为人们在规划一件事的整个过程里，不可能毫无遗漏地把所有因素一次性考虑进去，更多的是慢慢完善整件大事的各个方面，每一个小土豆都是大项目中不可或缺的一部分，千万不要有这种小事不值得列入清单的想法。

另外，人们常说"好记性不如烂笔头"，这也是有道理的，把每一个小土豆添加进去，完成后跳到完成一列增添自己的成就感。相应地，规划也难免产生变动，这时候不建议修改土豆，因为这会引起混乱。所以，我们可以采取另设土豆的方法。

在接触了番茄之后，使用番茄土豆套餐，可以提高分解任务的合理程度，类似于胡小懒不愿面对的大案子一类大任务时，可以采用逐层分解的方法，直到变成一个个可预期的小土豆直至小番茄，逐层分解的过程同时也是对该任务的更进一步理解，既能提高效率又能精进业务！

虽然说番茄时间里的任务往往都来源于土豆，土豆加番茄也确实比较方便我们计算工作流，但总有些土豆是介意、排斥番茄的。譬如说，你计划周末游泳一小时，就不必列入番茄。又或者，胡小懒要跟上司汇报工作、跟客户进行交流，你能说这不是伟大的土豆吗？但这些显然都不是番茄了，所以，不要勉强土豆一定要和番茄在一起。

关于土豆（To-Do-List）任务记录法的软件有很多，Todoist就是其中一款。Todoist可以随时随地管理你的任务，在家中，在学校，在公司，在线上，在线下，在15个平台及设备上都可以使用。其外表精简、直观、美观，上文提到的将大任务分解为小任务，将大项目分解为小项目，将Deadline（最后期限）通过电子邮件、程序推送等多种方式提醒你，通过颜色标注优先性标签……在这里都能得到实现。

了解了这么多关于土豆的情况，胡小懒决定，自己摸索出适合他的土豆软件，你呢？

戒拖小贴士

1. 事无巨细可土豆，不要嫌弃土豆太小，小土豆可能关系大问题！

2. 土豆不一定要全部做完的，所以不需要有清空土豆的想法，强迫症患者可以不要那么认真，只要将清单上的土豆常换常新即可。

胡萝卜管理法：有情怀才有前进的动力

胡小懒最近总是打不起精神来。

他早上睁开眼，脑子里蹦出的第一个想法就是：又要开始一天做牛做马的日子了……费力地起床，拖拖拉拉挪到公司，做着日复一日基本没有差别的工作内容，他觉得自己简直要哭出来了。发呆的时候看着自己写出来的了无新意的文案，看着来来往往貌似很忙碌的同事，光是那台他来时就在用，到现在不知用了多少年的老旧打印机就能盯一个上午。他总觉得公司并没有多需要他，自己只不过是一部机器中一个小小的齿轮，甚至连齿轮都算不上，顶多算是个小螺丝。

胡小懒感觉自己陷入了一个恶性循环当中：在工作中没有激情，自然缺少前进的动力；看自己越来越不顺眼，甚至看公司也全都是毛病。在这个糟糕的循环中，胡小懒在想，自己怎么就堕落到今天的地步了呢？想当年自己也是踌躇满志、一心要做建设祖国的大好青年，怎么现在整天萎靡不振、拖拖拉拉，怎么看怎么猥琐呢？

这个状态持续了一段时间，直到有一天，胡小懒又遇到了那个小有名气的律师同学周舟。他不明白工作有什么吸引力，能让周舟每天忙得脚底朝天依旧兴致勃勃。胡小懒把自己的困惑讲了出来后，周舟先是对胡小懒进行了毫不留情的嘲讽与批评，最后得出的结论是"你这就是典型的越拖沓越没动力，然后越来越挑三拣四。"

周舟说："你才工作四五年就一副被榨干了的样子，之后的职业道路怎么走？想想刚进入社会时候的你，那个时候你脑子里面的目标是什么？就算现在不去谈太过遥远的理想，但是，落实到具体的目标上，你还是会找到下一步前进的方向。我能够坚持到今天而没有被拖延症打败并且战斗力十足，就是因为两个字，'情怀'。我从来不把工作上的事情当成包袱和累赘，或是当成还车贷、房贷的工具。所以我完全没有拖沓的必要。"

周舟停顿了一下，继续说道："据我观察，在职场上拖拖拉拉又闷闷不乐的人有三个特点：一是一根筋地狂热追求绩效，二是无论是菜鸟还是老手，都从不关心所在的公司对自己是否满意，三是动不动就想着换公司。"

听了周舟所说的这一番话，胡小懒大致回想了一下这几年的工作，发现自己身上还真有这三个特点。的确，入行以来，他越来越注重写出来的策划案件的数量，以为写得越多就越能证明自己的能力，似乎只要写了就说明自己对得起公司，对得起自己领的工资，至于写出来的东西到底能不能用，能否经得起考验从来没关心过。对公司的满意度，在得过且过的心理下，他还没有给公司的各个方面打过分，也没有比较过行业内各家公司的优劣。所以，就算他一天会冒出十次跳槽的念头，也懒得跳，因为去哪儿对他来说都是一样的。

这么一想，胡小懒出了一身冷汗，没想到仅仅是入行五年就沦落到如此地步，真是既恐怖又现实。其实，谁想做一个默默无闻的小人物呢？谁没有怀揣一个闪闪发光的梦想呢？可是，最后到达理想终点站的又有几个？自己再这样下去，也无非会成为忘却梦想丢失信念的浩瀚人潮中的一个。连自己都迷失了自己，还有谁会关心真正的自己是一个什么样的人呢？大家眼中的他，也不过就是一个资深拖延症患者而已。

周舟见胡小懒一副懊恼的样子，向胡小懒推荐了一套方法——"胡萝卜管理法"，也就是他说的用培养工作"情怀"来战胜拖延症的方法。

首先，要把眼光放长远，不要目光短浅地盯着每个月到手的工资。当然，"我要拿个同行业里面中等偏上的收入""如果跟同学相比我的工资能让我有点面子就好了""我的工资要能够养活我自己，外加一个女朋友和一只狗"，有这些想法绝对是正常的。但如果仅仅有这些想法，那是远远不够的。其实，一家公司能给你的东西有很多，包括福利、工作氛围、企业理念、管理模式、人际圈，甚至是处世态度与方法等。越是用心体味，就越能有所收获，而收获越多，眼界就越宽广，未来的道路就会越走越顺畅，幸福感也就会越来越强，拖延的情况也会越来越少。

其次，通过他人的赏识与信任来增加动力，抵抗拖延。想要被人赏识，那就要抓住机会来证明自己的实力。别人的信任并不是理所当然的，而是要经过时间与事件的检验的，能够证明自己的实力，带来的责任感和幸福感也是巨大的。在责任和别人的信任下，你的能力会在无形中放大，而你对于自己的定位和要求也会逐渐上升。在这样的心理环境下，拖延不再是无伤大雅的小事，而是随时会摧毁别人的赏识与信任的导火索。

最后，就是寻找这份工作带给自己的满足感。不是坐在办公室的座位上掰着指头盼星星盼月亮盼假期，也不是三分钟看一次表等着下班做百米冲刺状，而是找到自己愿意一直工作下去的那个原因。为什么有的人对工作始终一往无前，有的人就不情不愿，有的人累却充实，有的人忙却空虚。找到满足感可能会比较难，但是如果内心充满感激，感激上司的赏识、同事的信任、自己的努力，那么，无论发生什么都会竭尽全力想方设法去解决，而不是得过且过，百般推脱责任。

有了这一套理论知识，胡小懒开始了自己的"胡萝卜计划"。

第一点是调动情绪。通过收集生活中的点点滴滴，把自己从消极的轨道里扯回积极的轨道里。比如，不去挑三拣四，看张三肥瞧李四瘦，而是多多发现公司的好，少去挑别人的毛病。就算是工作缺少乐趣、缺少惊喜、缺少挑战，也要从正面的角度来看待问题。

第二点是营造情调。定期收拾自己那张不堪入目的办公桌，作为一名策划，当然还需要一份干净整洁的桌子，一点点带有设计感觉的环境，以便随时开启寻找灵感的状态。不要因为加班就不去参加公司的活动，要积极融入整个公司当中，无论是庆功宴还是某位同事的生日party，都是能够带动工作情调的因素。

第三点是培养情怀。"情怀是平庸和优秀的分界线，也是胡萝卜管理的真正意义。"一个没有情怀的人，就算有多么高的职位多么高的工资，也是一个了无趣味的赚钱工具。衡量自己的标准不要那么单一，评价自己的角度也可以有多种方向。尝试和同事去分享工作、生活中的点滴，学着去享受那些金钱无法取代的东西。

拖延的根源有很多，有可能是因为畏惧，也有可能是因为枯燥。究其根本，其实不过是没有站在一个正确的角度去对待任务，或许正面看着是洪水猛兽，换个角度去看就是憨态可掬的萌宠。拖延的危害并不仅仅体现在做事时效率的低下，它还影响了我们对于生活，对于幸福的体验。自从开始了"胡萝卜计划"，胡小懒对拖延的认识是越来越透彻了，对自己的将来也越来越有信心了。

💡 戒拖小贴士

1. 每天发现一个以前不曾注意到的微小的美，或是尝试把曾经眼中的"丑"转化成"美"。

2. 帮助他人，从小事做起。

3. 你并没有你自己认为的那么糟糕。

万能的苹果：让手机成为自我管理的好帮手

美好的国庆长假今天就要结束了，这对于胡小懒来说简直就是晴天霹雳。一想到明天开始又要面对每天凶巴巴、擅使夺命连环催的上司，想到地铁上简直要被挤成照片的高峰期，想到没完没了的工作……胡小懒瘫倒在沙发上，仰天长啸："天要亡我……"

突然，胡小懒一个鲤鱼打挺坐了起来，他的目光落在整天不离手的宝贝手机上。不得不说，拖延症有时也会有那么点好处，比如这部手机，还是刚工作的时候买的iphone4，至今已饱经风霜，可谓是摔过掉过雨淋过，狗啃过猫尿过屏碎过。最重要的是，因为嫌新手机贵，一直拖着，没有逢新必换，这可为他省下了一大笔钱呢。

胡小懒看着手机，心里默默琢磨：有没有一个APP（应用程序）能够既有效缓解我在每一个截止日期里的忧愁，又可以时刻拿着小皮鞭督促我完成必须完成的任务呢？

这么一想，胡小懒就开始在茫茫APP（应用程序）大海中开始了苦苦寻觅。结果，他还真就找到了。

被胡小懒捡到的这个宝叫作"倒数日DaysMatter"，其口号是："从现在起，不再忘记重要的事情。"胡小懒立刻在里面添加了几条日程，它的操作很简单，就是输入内容并选择日期，最后会呈现出"距离交修改第三版策划还有3天""距离同事小M的生日还有25天""距离下一个休息日还有6天"的效果。其次，根据事件的性质可以给每个提醒选择属性。有三种属性可以选择，分别是纪念日、生活，还有工作。比如胡小懒的"倒数日DaysMatter"一眼望去几乎全是工作，只有零星几个是属于生活类的。最后，还可以选择"提醒"与"不提醒"，不是很重要的事情无需提醒，重要的事情可以每天提醒一次。

这里面的每一个提醒，就像是人们在日历上拿红笔圈出的一个个重要的日期。小小的日期牵动了一个人的心，让人或是翘首以盼，或是埋头苦干，或是朝思暮想，或是惴惴不安。现在，它可以被我们时刻带在身上，随时记录随时翻看，不再忘掉每一件重要的事情。这确实是一件令人满意的事。

自从小懒安了这个APP（应用程序），他抓耳挠腮地想出来二十多条日程，他也从中获得了一些满足感，好像自己真的已经完成了这么多事情一样。对呀，每一个倒计时完成后就是自己大功告成之日，胡小懒突然觉得第二天要面对的上司不再那么面目可憎了，上下班的高峰期也没什么大不了的了，而那些做不完的工作，看起来也很有挑战性，让人想跃跃欲试。

其实"倒数日DaysMatter"不只是一个记录自己生活的时间记录器，它的"倒计时"功能也让它成为一个肩负重任的任务清单。

有的人用它来监督自己减肥，有的人用它来鞭策自己考试复习，有的人用它记录一项工程的完成进度，有的人则是用它记录每个生活中重要的日子。曾经被你抛诸脑后的"遥不可及"的重要日子，现在看起来似乎近在眼前。

其实除了这个软件之外，现在APP（应用程序）市场上已经有了越来越多的软件，它们的分工也越来越细致，功能也越来越强大。

比如说，"种子习惯"。这款APP中就包含有"早起""每天100个俯卧撑""背单词200个""打电话回家"等目标，日历会显示这些目标的"总共加入天数""已经坚持天数""连续签到天数"。和"倒数日DaysMatter"稍有不同的是，种子习惯有自己的互动社区，每天有很多种友分享自己的健康、学习、运动等情况，如果你看到别人的生活那么充实丰富，你是不是也会很心动呢？相互的鼓励与监督也是好习惯养成、摆脱拖延症道路上必不可少的促进因素呢。

而如果你只是想更高效地执行任务，那么不妨试试"iHour"。同样可以自主创建任务，选择"提醒"与"不提醒"，以及提醒的周期。不同的是，同一个任务iHour可以单独累计执行时间，向左滑可以显示详情，而向右滑则可以进入"番茄时间"管理模式，在固定的时间段内不可以碰手机，大大提高了专注力和执行力。而最特别的一点，也是最振奋人心的，就是满足了不同的条件，达到不同的要求，就可以获得成就勋章，一共86个勋章，如果全都集齐也是相当了不起的。

如果你想知道自己每天的时间都是如何分配的，自己的"时间都去哪儿了"，那么"Mr Time"也是一个很好的选择。作为一个记录时间开销的小帮手，Mr Time可以帮助你把你每一天的时间划分记录下来，比如说，上下班坐车用了一个小时，工作八个小时，加班两个小时，做饭一个半小时，上网一个半小时等。其特别之处在于，它还能够根据你的时间分配给出相对应的评估。就像记账一样的记录方式，让我们更加清楚自己每天都做了些什么，哪些是浪费生命，那些是真正有价值、有意义的。

如果你还是个有点文艺情怀的人，喜欢没事拍拍照片、写写小段子，那么就去尝试一下"念"吧，这是一个号称是记录梦想的APP（应用程序）。你需要做的是创立属于自己的记本，每个记本可能会有不同的主题，或者是为了某个特别的事件进行"独家播报"。坚持每天更新，坚持的时间越久等级就会越高，每日的第一笔更新会有念币作为奖励。如果，某一天你一个不小心忘记更新了，那么恭喜你，你需要花费高额的念币来解封自己的记本，这就是不更新的下场……或许你并不知道明天会发生什么，明天的你会在记本上更新什么，但是在事情结束之前，你一定会坚持做下去，坚持写下去。

这些帮助你戒拖的APP（应用程序）看起来简单，但是想很好地操作却都不是那么容易的。找到适合自己的自我管理工具，才能坚持下去，从而逐步摆脱拖延的纠缠。在摸索的过程中，相信你会逐渐开始了解自己，了解自己的生活习惯，了解自己的问题所在。

当然了，APP（应用程序）作为辅助工具，毕竟不能代替人去做事情。所以，不要以为安了一个软件，列了一个自我管理清单，就觉得万事大吉，可以高枕无忧了。高效率的办公，高效率的生活，不是为了把人变成工作的工具，而是让我们节省出拖延的时间，有更多的时间可以做自己想做的事，有更多的时间去享受生活。

可以说，真正有效的自我管理工具不是让人手忙脚乱，而是让人做到心中有数，胸有成竹，能够淡定地、有条不紊地进行每一件事，每一项任务。享受这个过程，享受无意中多出来的空余时间，就是成为人生赢家的开始。

💡 戒拖小贴士

1. 不要把所有的小事都拿去安排和计时。

2. 并不仅是苹果有这些精彩的APP（应用程序），安卓软件市场中也有相同的软件。

美味早餐法：养成早起好习惯

终于到了周末，早晨，闹钟响了一遍又一遍，胡小懒仍旧蒙头大睡，这一睡就睡到了快十点，起床没多久就到了中午。等到吃过午饭，一个上午就这样浑浑噩噩地虚度了。

一到周末，胡小懒的一天仿佛都变得从中午才开始，有的时候吃过午饭又马上困倦地想要睡午觉，午觉醒来，日已西斜，这么一来，时间就如飞一般地流逝，该完成的事完不成，一天拖一天，越拖越久。

患有拖延症的人，想要早起是非常困难的，但反过来，如果能坚持早起，对于抵抗拖延症则是非常有帮助的。

首先，早晨的空气清新自然，早起往往可以振奋精神。许多像胡小懒这样的拖延病患者往往爱睡懒觉，一天里总是精神萎靡，尝试一下早起就会发现，一个清新的早晨会让人神清气爽，一扫萎靡与疲惫。清醒的头脑更有助于保持理性，认真对待这一天中的计划或是任务，这正是克服拖延症的良好开端。

其次，起得早也意味着这一天有更多的时间，工作、学习或是娱乐的时间都比晚起的人更充足。经过一夜的睡眠，早起的人往往头脑清楚，学习、工作效率更高，这样就大大减少了陷入拖延的机会。

再者，坚持早起本身就是一种毅力的锻炼，也是对自我的一种激励，对于塑造一个人的品格有着重要的作用，一个人可以努力地养成早起的习惯，对许多人来说，又怎么会改不了拖延症的毛病呢？

然而，对许多人来说，想要早起并不容易，要养成早起的习惯更是不易。大多数人会预设闹钟，对于自律能力强的人来说，闹钟非常管用，然而像胡小懒这样的拖延症患者，常常不是一个闹钟可以唤醒的，而且即使叫醒了也容易导致不满、烦躁的情绪，整个早晨都沉浸在烦躁之中，对于接下来的事就更不想做了。

所以，对于胡小懒这样的资深拖延症患者来说，还得使用更有效的办法。

说到早起，那么早餐肯定是必不可少的，早餐对于健康的重要性不言而喻。因为睡懒觉而晚起的人总是草草地打发自己的早餐，而早起的人却有更多的时间享受早餐带来的美味乐趣。对于闹钟无法唤醒的拖延症患者来说，不妨想象一下心中美味的早餐，饥饿感往往会让人很快清醒。想象早起之后能够享用一顿美味的早餐，相信立刻就有了起床的动力。

早餐不仅能诱人起床，而且能给人提供充足的能量，让人一整天都有充沛的精力，不会因为能量不足而感到烦躁，从而懈怠工作。

自从尝试了美味早餐法，胡小懒再也不用每天早上愤怒地一遍遍关掉闹钟了。现在，他正过着每天被闹钟唤醒，然后享受美味早餐的生活。各种不同风味、不同式样的早餐都被胡小懒一一品尝，甚至还发现了许多新的口味与美食搭配。胡小懒发现，自己比以前更积极了，和朋友一起开开心心地吃个早餐，然后精力十足地开始一天的工作，原本认为难以搞定的工作，竟然不知不觉就完成了。胡小懒现在越来越相信，假以时日，自己的拖延症一定会被这美味早餐赶得无影无踪。

戒拖小贴士

1. 美味诱惑能促使拖延症患者不再懒床，放弃拖延，奔向美食。

2. 丰盛的早餐会让人一整天精力充沛，工作学习效率更高，从而避免陷入拖延。

【支招】性格决定你适合哪种时间管理方法

有一个关于消费"时间卡"的故事，有一个"元老级"的"拖延时间协会"会员拿着一张似乎和银行卡差不多的"时间卡"去消费付账，遭到了银行人员的拒绝之后很是气愤，他投诉银行说："时间难道不是金钱吗？"看到这个故事的时候，很多人都会付之一笑，当作一个不怎么好笑的玩笑来消遣，但是我们是否真的能管理好时间，并把它变成令自己骄傲的价值呢？

下面列出了在对待时间上最常见的五种情况，你可以对号入座，选择适合自己的时间管理方法。做时间的主人，做更好的自己。

A.我是一个对生活和工作很严肃的人，对自己要求很高，不爱社交生活，只想安静地做一个有品质的人。

B.我不爱热闹，工作环境死气沉沉，同事之间除了工作没有交流。勉强能在最后时刻完成领导交代的工作，闲暇时间读书看报，偶尔打一下小游戏，但是生活本身似乎没有目标，没有激情，曾被女友嘲笑没有进取心。

C.我是一个轻度拖延症患者，偶尔会忘记一两个领导交办的任务，或者做事情的时候总是丢三落四，身上存在一种做到一半被别的紧急事情打断之后就立刻忘记的毛病。也懒得出门，不关心时事，一个二十多岁的年轻人活出了五十岁的状态。

D.时间管理已经是我的不可做好的顽疾了！工作任务量大时间少，被拖进了很痛苦的深渊之中。拖延似乎是每日必修课，时时提醒自己先完成工作，却总是写不到两个字就手痒痒拿起手机，在最后时刻不得不随便敲打文字勉强完成任务。日日晕头转向，所以小错不断，经常挨领导批评，每次都想剁手痛改前非，却管不住自己。

E.有一两个长期坚持的习惯，追求生活本身的质量，不喜欢"同流合污"，注重培养自身的气质，但却从来不知道如何管理自己的时间，让自己比以往更多地认知这个丰富多彩的世界。

解决方法

A 型性格的人总体上可以称为追求完美的人，并且不以别人的看法而改变对自己的认识，活得真实且坚持。这种性格的人本身已经在时间管理上有相对较合理的规划意识。实用手机自我管理清单已经很能满足这些人了，节约成本，快速实用，可以尝试一下。

B 型性格的人必须要考虑胡萝卜管理法。用情怀唤醒拖延的毛病，生活要先看到希望才能有向希望进发的动力。房子、车子、旅游、加薪、提高生活质量、让自己变得更美、增加自己的存在感等，这些词语应该出现在这类人的词典里，然后主动出击，做出改变。

C 型性格比较适合土豆（To-Do-List）任务记录法来除去毛病。明确自己的任务，把每个小小的任务记录下来，做一个积极记录的人，是目前最紧急的事情。

D型性格似乎是无可救药了。顽疾要除，更要对自己狠一些了。番茄时间管理法必须马上用起来。把时间分割成一个个小番茄时间，记录下完成的成果。每日就做管理好番茄时间这件"小事"，做不到请自觉"剁手"。

E型性格可以用美味早餐法管理好自己的时间。追求生活本身的质量，清晨的时间是无比宝贵的，在这段时间，可以自由地做自己想做的事情，一切随心所欲，而又有章法可循，自由而珍贵的晨曦，带来不一样的自己。

第**7**章

用合理的计划挤走拖延

　　计划表固然重要，但合理的计划才最重要，列出事情的先后顺序，时刻告诉自己，计划赶不上变化快，把变化列入计划，在面临变化时你才不会手忙脚乱。

提前安排，面对突发事件不抓狂

有人总说计划赶不上变化，于是一切随心所欲，事情来一件就解决一件，称之为随机应变。可到了拖延症患者这里，这种态度就变成了他们犯懒的借口。

胡小懒高中那会儿每天都埋头做卷子，到了冲刺的前一个月，整个教室里简直是卷子满天飞。一会儿桌上来了张数学卷子，一会儿又来了张英语卷子，他觉得自己都快被卷子淹没了。每天做卷子做到脖子几乎都抬不起来，忙活了一天往往是这个卷子做了一半，那个卷子动了一笔，最后的结果就是没有一张卷子是完整做完的。到了高考结束的时候，同学们都兴奋地谈论着某张卷子上有类似题型的时候，胡小懒只能记住这种题型在哪张卷子上，却不知道题目在哪儿，因为很多卷子在他那儿都是"烂尾工程"。

大一时，胡小懒还是个非常积极向上的好少年，一开始还争取当了班干部。可他当了班干部也没改掉高中时的坏毛病，室友说他的状态就是忙的时候像个陀螺似的，闲的时候简直就是无所事事。但凡辅导员说某个表格下午四点以前交，胡小懒必定是踩着时间点交过去。有一次，恰逢班级联欢晚会和学校的一个社团活动，作为社长和班干部的胡小懒自然是身负重任。

那天早上，胡小懒躺在床上，心里盘算着当天要做的事情。首先，要带班干部一起去采购联欢会的东西。其次，要去社团给团员们开会。然后，提醒相关负责人带上会议记录册。除此以外，还要去给辅导员送发票。

这么一想，他觉得半天的时间做这些事儿绰绰有余，于是，就把采购安排在了下午，加上去社团的办公室和超市还顺路，于是心安理得地在床上躺到了八九点。到了中午吃完饭才开始采购。

到了超市，班干部们意见不统一，讨论了许久，用了差不多三个小时才把东西买齐，结果到了开发票的时候，又出了点意外，没法当时就给开发票，需要到六七点才能拿到。胡小懒只得急急忙忙去了社团那边去开会，原本以为到了六七点肯定能结束，然后就可以去拿发票了，谁知半路又杀出个程咬金，会议记录的同学因为临时有事，又迟到了近半个小时，导致大家只能待在会议室里等，结果到了快七点半才结束了会议。

胡小懒急急忙忙去了超市领发票，然后火急火燎地给辅导员送过去。他刚到办公室，辅导员却已坐上回家的车了。胡小懒只好揣着发票，气喘吁吁地赶到了班级联欢会的现场开始布置。一直到晚上十点多他才回到宿舍，第二天胡小懒起了个大早去给辅导员送发票，一摸裤子口袋，糟了！发票和昨天穿的裤子已经在洗衣机里游了几圈了，只能让人家补开一张，好不容易送到辅导员办公室，还被批了一顿。

胡小懒觉得自个简直是倒霉透顶，有室友建议他说："你应该留点弹性时间，预防意外情况发生，不要把所有的时间排得一点儿空都没有。"可在胡小懒看来，这不是什么时间安排的问题，只是运气的问题。

工作的时候，胡小懒还是这样，主任交代的任务总是拖到最后。后来，碰到了干策划已经十多年的张叔，这位张叔每天早上一到办公室就拿着一本便利贴，对着电脑上的一张表格，一边嘀咕一边写着东西。和张叔混熟以后，他发现原来张叔是在做计划表，张叔的计划表只是标出上午要做完的事和下午必须完成的事。而那个便利贴则用来提醒他事情的先后顺序。

胡小懒不以为然，觉得列计划表是比较低级的，张叔则告诉他人都有惰性，只想着眼前的清闲，往后会吃亏。

胡小懒不解地问："其实我也列过这种计划表，但没有什么效果。你这些花花绿绿的纸条能管用吗？"

张叔语重心长地说："凡事贵在坚持，前三天最难，养成习惯就好了。我女儿小时候特别爱玩，有一回我给她买了只小兔子，她喜欢得不得了，让她去看书她也不看了，一颗心都扑在小兔子身上。我后来就想了一个办法，我给她定了张计划表，让她上午必须背一首诗或写一段话，如果完成了，就可以带小兔子出去溜一圈。你猜怎么着？"

"肯定没坚持几天吧，或者后来小兔子没什么吸引力了，计划表也就作废了？"

"错了，我女儿按时完成了任务表上的事情，只是，她会提出一些奖励的要求。"

胡小懒还是不明白一个问题，这么空泛的计划表会让人摸不着头脑。对于这个问题，张叔更是自有一套。胡小懒的计划赶不上变化，到了张叔那里简直就成了催化剂。因为在他看来，变化是猝不及防的，除了随机应变，也得有时间来处理突发状况。所以，一想到这个，他就会尽自己所能地尽快做完事情，剩下的时间既可以应对这些变化，也可以用来休息。胡小懒听了后连忙点头，学着张叔的这一套开始做了一个计划表。

起初的几天，他规定自己只有做完了事情才可以玩微博，喝咖啡，并且除了用便利贴提醒自己以外，还让张叔监督他，甚至连最爱的咖啡都交给张叔保管。小懒坚持了几天之后，也慢慢习惯了。只是他还是不喜欢提前完成任务，直到那一天公司突然有一个项目，主任的要求是手头上的事儿完成了的人才有机会参与这个项目。胡小懒眼巴巴地看着老张投来惋惜的眼神。这就是计划赶不上变化，胡小懒第一次领教了。

自那次之后，胡小懒开始尽自己所能地不再把事情拖到最后，坚持了快一个月的时候，他发现自己每天的时间都很充裕，做完事情之后对于空闲的时间也能妥善安排。以前胡小懒总是爱买书，却从来没有时间看书，但现在，他每天都能挤出一点时间来阅读，他觉得整个人的工作状态特别好，像是随时都在充电一样。

后来老张把咖啡还给他了，主任也夸胡小懒勤快，还在公司例会上特意点名夸他总是能提前完成任务，大家都说胡小懒是取错了名字，因为他一点儿都不懒。胡小懒心里也明白，其实所谓的懒都是因为拖。

计划表很重要，但合理地制定计划表才最重要。那些密密麻麻的时间安排往往并不能够取得很好的效果，甚至会导致那些被时间限制的人产生很大的压力。而且，时间不充裕是人们不能解决突如其来的变故的一个重要的原因。所以，要时刻告诉自己，计划赶不上变化，为变化事先留出时间是很有必要的。

戒拖小贴士

1. 留出时间应对突发情况，将变化作为激励自己提前完成任务的动力。
2. 将娱乐和放松作为完成任务的奖励，也可以找个靠谱的朋友监督计划表的实行。

事有轻重缓急，会分级才能游刃有余

我们真正恐惧的是自己。我们之所以会挑三拣四，很多时候不是因为我们懂得辨别，而是因为我们害怕面对。

胡小懒在戒拖的路上经历过一个很奇怪的时期，那时候，他开始对一天要完成的事情有所规划，也开始慢慢去解决手头上所面临的事情。但最后剩下的任务总是显得格外沉重，他一直觉得这些在后面的任务就是压死骆驼的最后一根稻草，而没有去反思是否在顺序上可以有所改进。

直到有一次，他回学校参加同学聚会，他的同桌也回来了。他的同桌叫吴洋，是个很享受学习过程的学霸。因为每天下课他都显得很轻松，而他最认真的时候往往是最开始的那一段时间。胡小懒一直觉得他肯定是越到后来越懈怠。尤其到了高考冲刺的最后一个月，吴洋几乎每天都比他少学习两到三个小时，而胡小懒自己则每天在教室奋战到十一二点，因为他发现自己之前实在落下太多东西，每次堆一点，最后积累成小山了。因为对于不会的知识点他总是习惯性地留到最后再解决，他觉得多做会做的题目有助于增长信心。那时候，胡小懒的爸妈觉得孩子这么用功，肯定是能考好。可胡小懒只是上了个普通的本科院校，吴洋竟然去了北京上了重点大学。小懒一直觉得是吴洋运气太好，如果再给自己一段复习的时间，说不定自己也可以上重点大学。

那次聚会上，他俩聊了起来。吴洋现在留在北京一家公司做投资管理，已经做到了领导级别了。说起当年的高考，吴洋笑笑说只是运气而已。可就在他们一起上洗手间的时候，小懒无意间听到吴洋接电话时讲的一些话，才幡然醒悟。如果没猜错应该是他的下属打来的，胡小懒在厕所里只听见吴洋说："我今儿在参加同学聚会，下午两点左右结束，今天的工作你给我依次安排一下，记住，那个最难搞的客户排在第一个，搞定他后面就都没有问题了。记住了没有？"胡小懒很是不解，因为每次主任让他做市场调查的时候，他总是先将范围最小的区域解决掉，而那些面积较大，数据较复杂的区域，他则习惯性地放到最后。这时候，他猛然记起以前学过的一篇文章，叫田忌赛马，他一直觉得那是投机取巧加上运气因素才获得的成功。他清楚地记得那时候老师布置的读后感他得了个'中'。

现在想想，那时候吴洋在离高考还有三四个月的时候，每天跑办公室问老师题目，而他到了最后一个月想问都挤不出时间。他突然很佩服吴洋，他有今天可不仅仅是运气那么简单。

出来之后，胡小懒故作随意地问起吴洋工作的事，在和吴洋的谈话过程中，他发现吴洋是个很有冲劲，喜欢挑战的人。

聚会结束后，胡小懒不禁开始反思，自己桌子上记着一堆任务的便利贴是不是应该做一些调整了？他翻了翻前几天的便利贴，上面的事情分别是：把打印纸准备好，电脑u盘记得清理，把任务书送给主任，而第四件事情才开始进入主题。往往当他做完前三件事情的时候，时间已经流逝了不少，他总是在一种懒散的状态中浪费很多的时间。比如，准备打印纸的时候，他总是不忘去茶水间泡杯咖啡，而给主任送任务书的时候，他总是在经过其他部门办公室时，忍不住和同事讨论午饭吃什么，往往一上午就都耗在了这些杂七杂八的事情上，而他自己呢，却浑然不知，总以为任务已经完成了大半，只剩下一项了。到了下午，他就只好开启疯狂工作模式，遇到的问题很多，要么是时间不够，要么找不到思绪，要么想着怎么搬救兵，往往到最后整个人都已经累得无法行动了，却还是没有什么收获。

胡小懒决定修改自己的便利贴，他把红色的便利贴当作最紧急的标志，上面的任务都是当务之急的。而颜色相对柔和的便利贴上则记着一些相对轻松的任务，为了防止自己刚开始的时候弄混淆，他还在贴纸上面标了A、B、C。在每天通览一遍之后，那些颜色柔和的便利贴则会放到抽屉里，直到红色便利贴上的事情解决之后才拿出来。刚开始的几天，他总是忍不住想调换顺序，因为总是无法让自己进入一种很正式的工作状态之中，这样的情况足足花了差不多一个星期的时间才有所好转。

那一个月的策划书，胡小懒基本都能提前一点交给主任，更让他吃惊的是，策划书被打回来重改的次数比之前少了很多。后来，新同事来的时候，看到他桌上的红色标着A的便利贴都会很好奇，只要听到胡小懒的解释之后都会不以为然，总觉得他的做法很幼稚。可是后来大家都纷纷效仿他，只是能坚持到最后的没有几个。后来，胡小懒通过微信和吴洋闲聊问起工作方法的时候，吴洋说他手下的几个大学生都喜欢先完成简单的任务，再去解决难的任务，往往拖到最后，什么也做不好。他说，自己正在想办法治理他们的这种毛病。

其实，我们之所以会养成拖延的毛病，和我们对自己是否自信也存在一定的关系，面对难做的任务时，那些敢于挑战、喜欢挑战的人往往会选择迎难而上，对他们而言，解决难题的过程不仅是收获的过程，也是他们获得好状态的一种动力，所以，他们不会把难事留到最后才去解决。

相反，那些对自己不自信的人总是害怕这些难题会挫伤他们的自信心，甚至影响其他任务的完成，于是，他们一再地把难题放在最后，久而久之，他们对于难题就越来越抵抗，甚至开始产生恐惧的心理，而拖延在他们看来简直就成了一个避风港。到了躲都躲不了的时候，他们只能硬着头皮上，结果可想而知，他们的自信心再次受挫，日子久了，他们原本就不多的自信心就会慢慢消失殆尽，于是成了重度拖延症患者。

其次，我们要善于思考，并且对身边人的一些好的方法要去学会借鉴，戒拖不是一蹴而就的事情，要从最基本的做起，那些幼稚的，让我们不以为然的方法往往在戒拖初期最适合我们。这就好像我们患感冒一样，对于刚开始患感冒的人，医生总是从药性最浅的药开始考虑，因为我们会对药品产生抗体，若是直接用那些强效药，那么之后的选择就会越来越少了。所以，坏习惯的养成就是某种抗体的产生过程。

戒拖小贴士

1. 常备便利贴，贴出好习惯。
2. 将任务分等级，有利于对时间的掌控。
3. 擦亮眼睛，学学身边效率高的人。

要事第一，避免混乱和拖延

手边放着要做的工作，坐在电脑前却不由自主地玩起了手机。意识到该工作的时候，时间已经过去了一两个小时了。等下班的时间快到了，才焦头烂额地开始忙工作，赶了半天可能还得加班。

以上事例属于非常典型的拖延症表现，有媒体以此为例做过调查，被访者绝大多数都认为自己有过类似的表现，有不少被访者拖延的情况严重到了影响正常工作和生活的程度。

"我总是把事情拖到不能再拖才不得不开始工作，有时会不能按时完成任务，我常常觉得自己可能比别人笨。"

"我明知道工作完成的时间节点，可是看到时间还早，就会忍不住先做些轻松的事情，结果最后得加班才能完成工作。因为这个，我没少让家里人抱怨。"

"我觉得我都习惯了这种工作的方式，在之前一直磨蹭，到了快交任务的时候才调整好精神状态去赶工，工作效率还非常高呢！不过磨蹭的时候，心里还是会毛毛躁躁的。"

现代社会的生活节奏快，工作压力大，完成了一项工作还有下一项工作接踵而至，这让许多人宁愿拖延一下手头的事，也不愿被越来越多的工作任务压垮、逼疯。因此，他们就下意识地拖延着，常用一些看似轻松的工作节奏来让自己"偷得半日闲"。然而，这种拖延常常会恶化，从拖着晚做变成拖着不做，直到最后时刻才匆匆处理，以至于工作质量无法保障。

这些人早已意识到问题的存在，却找不到合适的解决办法。把工作完成的最后期限作为启动工作的必然动力，这种情况非常普遍，其主要的原因是分不清事情的主次，在执行的过程中，往往本末倒置，让不应该先开始的工作占用了大量的时间和精力，而最急需解决的工作却迟迟没有启动，结果使得工作效率低下，完成工作的时间延长。由于考虑到可能产生的后果，比如被责怪、被处罚等情况，还会加重拖延者的心理压力，从而更加焦虑，甚至导致抑郁。

要克服混乱的拖延，就要在工作开动之前先分好任务的主次顺序。根据其需求和结果划分为：紧急并且重要、重要但不紧急、紧急但不重要、不紧急也不重要四个类型，然后按这个顺序来完成。同样，在生活中也是一样，有些事是常规例行的，有些是突然状况，有些必须马上解决，把事按主次安排，先去处理紧急并且重要的事。而有些看似不重要但是急于现在要办，如果不办会影响到其他关联的工作的事，也要以最快的速度处理它，不然这件紧急但不重要的事情，就会被拖成紧急且重要的事，同时有可能造成工作延误。这些要根据实际情况，灵活地去判断。

分清主次的同时，也要设定更加详尽的执行计划。没有周详到位的计划，很容易在执行中又一次偏离原来的目标轨道。把任务由大到小进行分解后，分部分区地进行处理，目标设定得越具体、越可控越好。一下子完成一件庞大的工程会令人产生畏惧感，但是完成其中一小部分并不难。对于自制力差的拖延症患者来说，可控的简易小目标，是他们容易接受的范围。由少至多，再庞大复杂的任务，也可以被一点一点地啃掉。

在制定计划的时候要注意一点，整体和分解的计划都要控制好时限，可以让自己工作时处于一种稍稍紧张的状态。这是因为，拖延症很容易就把工作的时间无限拉长，而事实证明，拖得越久，工作的效率就越低下，用时就会更久，拖得也就更长。所以，在设定计划的时候把时间卡得紧一些，不给自己可以随意拖延的机会，从而提升工作效率。

根据列好的工作计划时限，倒推一个必须开始工作的时间点，在这个时间点到来之时，要排除一切的干扰开始这项工作任务。为了避免到时间又无法开动，事先就要做好清障，把微信、QQ、娱乐或网购的网页全部关掉，只留下工作必须用的工具。

由于现代化的工作环境，很多信息必须从网上查询，极容易在查询的时候浏览与工作无关的网站，那么也可以在这种情况下给自己进行一个定时控制。例如需要从网上查一个某国风情小镇的特点介绍，可能在两分钟之内可以完成这项任务，那么为避免打开网页时溜号，用手机给自己定时，当闹钟响起，核实一下自己完成的情况，通过这样的自我督促来确保工作的持续进行。

如果自制力非常差，只要是自己设定的约束条件都执行不好，那就借助一下外力，找一些朋友一起做，有了伙伴的监督会更有动力。

戒拖小贴士

1. 先分主次，再列顺序。
2. 化整为零，依次解决。

记下心酸泪，用痛苦激发你行动

因为企划部的方案要重做，所以胡小懒在周一就开始加班了，大家都苦守着电脑艰苦奋斗。胡小懒因为深知自己的拖延症严重，便立刻开始工作，头一个小时里，他的工作进度正常。这时，他遇到一个信息拿捏不准，需要从网上查询确定。于是，他打开了网页。

在起始页打开的时候，跳出来一个新闻弹窗，是某娱乐明星的八卦，一直以来被标榜为金童玉女的恩爱夫妻身陷出轨门！胡小懒随手点开，他认为随便看两眼再查信息也不晚。然而，由于这件事已经上了新闻头条，各大媒体都在争相报道，为了吸引点击，网站们各出奇招，每家报道的内容都不尽相同。胡小懒看完一家又想看另一家，一来二去，就停不下来了。时间悄无声息地流过。

等胡小懒意识到做方案才是正事时，旁边的小宋正在查酒店报价，为自己的婚宴做准备，再看看另一边的小李，和女朋友在MSN上聊得不亦乐乎。既然大家一起加班，他们都没有干活，自己也不想做。

等胡小懒看表的时候，时间竟然已经过去两个小时了！就连小宋和小李也早已经开始进入专注工作的状态。他一边自责一边迅速将一串网页关闭，一边命令自己要全身心投入到工作中去。全部网页关闭后，他看了看方案正在处理的部分，发现需要查询一个信息，突然间才明白自己刚才打开网页的原因。然而他不仅没有查询，还耽误了近两个小时的时间，最后，连自己要做的事情都忘了，小懒后悔不已。

那晚，胡小懒把需要三个小时完成的工作用了足足六个小时才解决，到他写完最后一个字时，已经是午夜十二点钟了！又困又乏的胡小懒懊悔极了，连回去的公交车都没有了。

为了让自己不要再出现这种状况，胡小懒决定把自己出现过的拖延症表现记录下来，随时翻看，刺激自己，及时纠正。可以说，他的初衷是非常好的，也想象着这样一定可以让自己快速治愈这个世界上最难搞定的拖延症。然而，当他的小本本迅速记满之后，他突然发现这就是一本心酸帐，字字血泪！

例如：

时间：周五，要在中午十二点前交本周总结和下周计划，晚交扣罚相应绩效考核分值。

任务属性：全员共有。

执行情况：在十一点五十七分仓促交上去，五分钟后被行政部退回，因时间节点完全复制了上周，属低级错误，修订十分钟后再次上交，被行政部人员嘲笑。

分析原因：同部门的小宋没有先做计划，在搜索酒店婚宴信息时征求我的意见，影响了我的注意力；隔壁部门的小张来借剪刀，坦谈同样没做计划，时间还早，就娱乐八卦聊天半个小时，耽误了我的进度。

总结：看到别人不做，自己就不想做，总觉得凭什么他们还没弄我就得先弄啊，最后就拖下来了。

看到这些，胡小懒不禁感叹，为什么拖延症就这么难治？

像胡小懒这种"别人怎么样我也可以怎么样"的想法十分普遍，"中国式过马路"就是其典型代表。由于从众心理，自责的程度会大大减弱，其错误的隐蔽性加强，造成拖延时意识到要修正的可能性就更低了。胡小懒已经采取了记录每一次拖延的方法，并进行了分析和总结，从一定程度上已有进步了。但是，他并没有找到解决问题的办法，这是最让他痛苦的。

拖延症是近几年才被提出的一个名词，但是这种行为的存在却已经非常久远了。正是由于这类行为被命名了，让这类人就有了一种"我的病友好多好多"的心理，这种找到组织的从众心理会给自己一种暗示："原来，我这种情况很普遍。"于是，之前的焦虑不安都随之减退。

胡小懒为此唉声叹气，Frank恰好过来与他沟通工作，胡小懒就将自己的烦恼向他倾吐一通。Frank拍拍他的肩膀说："胡哥，拥有强大同伙的犯罪并不等于不是犯罪，只是由个体行为变成了集体行为罢了，有病还是得治的！"胡小懒甩开他的手："你说得轻巧！要是我能解决这个问题，早就不用这么发愁了！"

Frank说："我给你出一个主意吧，没准能治得了你的病！"胡小懒将信将疑地说："你说来听听！"Frank若有所思地说："你刚才说，你的拖延症是个找到组织的群体性疾病，所以你才会下意识地认为，大家都一样。我的主意是你必须要认识到，即使同在一个组织，也要区别对待的！你要反过来想！"

"什么意思？"胡小懒没理解。

"举个最简单的例子，Linda从来不写工作计划，而你却每周为写这个苦恼，为什么会产生这样的差异呢？因为Linda是老板的小姨子，况且Linda思维敏捷，口才极佳，从来没有因为不列工作计划而影响工作的进度，但你要是没有那份工作计划表，恐怕就能发呆一星期。所以，既然你没有个傍上大款的亲姐姐，又没有美貌与才华并存的资本，那么你就只能辛苦些，按时写计划、交计划，别无选择！"

"这和拖延症有什么关系？"胡小懒还没反应过来。

Frank 用笔在胡小懒的脑袋上重重地敲了一下："关系就是，你再拖延下去，你的工作可能要完蛋了，你不仅买不起垂涎已久的苹果六，连六个苹果你都要买不起了！"

一语惊醒梦中人，胡小懒连连点头："有道理，有道理！"

Frank 指指胡小懒的记录本："你这个办法，我建议你还是继续下去，刺激自己总比毫无知觉要强，有反思才会有进步，为了不让历史重现，今天记下的是心酸血泪，明天可能就是战拖历程中的一笔财富！如果拖延的后果刺激效果不够的话，不妨在每一次拖延事件的后面画上你最中意的苹果手机，按后果轻重，注明你的拖延又让你离苹果手机远了多少距离！"说完连 Frank 自己也被逗笑了！

说归说，笑归笑，胡小懒看看自己的记录本，既然记下了过去发生过的拖延症状，又做了分析总结，那必须加上最关键的一项：造成的损失！Frank 说得不错，每一次的拖延都让期待的目标又远了一段距离，如果用特定的代号标注清楚，就能更直观地看清这次事件的损失，明确自己应该反思的程度。假如这一次是十个，下一次是九个，再下一次是八个，逐个递减，这就说明，拖延症的程度在变小，那确实是一件令人愉快的事！

立即行动！胡小懒把近期的一些拖延症发作事件产生的后果，用苹果手机作为损失量进行了标注，才标了一个星期，胡小懒就感觉到触目惊心！原来损失一旦汇总，是令人惊讶不已的，不管怎么样，这个拖延症的记录本要坚持记下去，希望有一天，它会失去存在的必要，那拖延症就彻底治好了！

戒拖小贴士

1.记录拖延症事件，自我反省。

2.用最中意的物品作为损失定量，在事件之后标注拖延症给自己造成的损失，加重刺激效果。

勤总结，用小奖励为自己加油

这天胡小懒正百无聊赖地躺在床上看电视，此刻屏幕上正在播放的是一段驯狗表演。一群可爱的小狗在舞台上上蹿下跳，那呆萌的样子，聪明的反应，让人看一眼就十分喜爱。

看了一会儿，胡小懒发现了一个有趣的事情：每次小狗按驯兽员的要求完成表演后，驯兽员就会奖励食物给它，吃到食物的小狗就更加卖力地进行接下来的表演。他突然联想到了自己的拖延症，也许这是一个能戒拖的有效方法。

胡小懒之前在拖延症记录本上记下的都是事情的过程，分析事情的原因和标注的损失，可以说，本子上体现出来的，全是负面情绪。记了一段时间之后，他的拖延症并没有明显的改观，而每次记的时候重现拖延的过程是非常痛苦的，而无法解决这个问题也是很痛苦的，痛苦到他现在都不想记了。

为此，他开始转变思路，在所有事件产生损失的后面进行一次纠正记录，一次纠正跟着一次奖励，这种做法充满了正能量。

最后他决定，每一次克服了拖延，奖励自己周末看一场电影。

今天下午胡小懒有一件工作必须完成，那就是这次的策划案中需要的一个数据报表，这个数据表是这次策划案中非常重要的一个报表，这里面的数据关系着企业产品在同行业中质量和销量的排名，也是这次策划案能否通过的关键。

胡小懒自诩是文科生，对所有的数字不敏感，凡是工作中涉及了数字统计的内容，他都下意识地抵触。一想到要整理那么多的数据，他觉得还是先把策划案里的图片整理了吧，但当他打开图库的时候，无意中瞥见了放在一边的拖延症记录本。这里面可是记录了不少他拖延的事情，而现在做的，不也是吗？虽然不是闲着没动，却也是用其他不是最重要最紧急的事来代替了应该做的事！胡小懒翻开记录本，看着上面一个个的"小苹果"，咬咬牙把本放下，关掉图库打开数据库，迅速地列出分类名目……

大约一个小时后，胡小懒的数据收集完成了，看着保存了的数据表，胡小懒心里生出一分自豪的成就感。这不是因为做完了一项工作，而是因为他在发现自己开始拖延之后，及时地纠正了错误，而且事实证明，这个纠正也不是那么难完成的！正是这种纠错的表现，让他非常自豪。

原来，改错的感觉这么好，即使没有奖励，也是值得的！胡小懒迅速拿出拖延症记录本，在本上简短地记下了刚才的事，并在最后的奖励项目上画了个大大的红花标志。

第一次感受到了克服拖延的益处，胡小懒并没有在兴奋中停留太久，而是在记录完后立即投入到工作中去。这一次，他在一小时内完成了数据的分析统计，并制成了比较分析表。在这期间，小懒因为去厕所的时候总是习惯性地带着手机，差点在厕所里因翻看网页耽误了时间，幸好他恰巧接了个电话，才得以从恶劣的厕所阅读习惯中逃了出来！这一次是被动的克服拖延，虽然也迅速回归了工作，但是兴奋度远远不及刚才那一次。

由此胡小懒意识到，在克服拖延症时，主体还是自己，只有靠自己的力量纠错，带来的快意才更强烈、更直接，而借用外来力量，兴奋点会明显降低。不过，不管是通过什么来改变，都是一种进步。最后，他决定用看电影奖励自己。

很快，周末到了，《侏罗纪公园4》正在热映，胡小懒最喜欢这种美国大片了。坐在电影院里欣赏电影的时候，他发现，这次看电影比以往看的时候获得的愉悦感更强，不像过去拖延着工作来看电影时，总是处于一种自责不安的情绪里，再好的电影也会看得变了味儿！

"看来奖励的效用还是非常必要的！"胡小懒喝了一口沁凉的可乐，自言自语地说。

💡 戒拖小贴士

1. 每一次克服了拖延，就给自己一定的奖励。

2. 享受奖励的愉悦，超乎你的想象。

【榜样】喜欢用记事本的名人

有人说，拖延症纯粹是懒，是人的天性，的确如此，不仅普通人容易拖延症发作，许多名人也同样备受拖延症的困扰。不过他们都有一个战胜拖延症的秘密武器，那就是记事本，将自己的计划、已完成的任务、未完成的项目，或是容易遗漏的细节随时记录下来，可以大大减少拖延症的发作几率。

【胡适】

大文学家胡适就是一个巧用记事本的榜样。青年时期的胡适怀揣着各种学习的计划，想要阅读古今中外的名家名作，却总是抵不过拖延症的困扰，《莎士比亚全集》怎么也读不完。后来，胡适发现，将每天的计划，必须完成的事，乃至自己做的每一件事全都记在记事本上。这样做之后，他的头脑变得清楚了许多，脑袋里种种拖延的理由都不翼而飞了。

【本杰明·富兰克林】

美国开国元勋本杰明·富兰克林，原本也有不轻的拖延症，好在家境贫寒的他为了实现自己的理想，从小就养成了随身携带记事本的习惯，将自己的计划、目标随时记录在随身携带的记事本上，这小小的习惯帮助他战胜了拖延和懒惰，也成就了他的理想。

富兰克林给自己列下十三条诫言：节制、缄默、秩序、决心、节俭、勤奋、真诚、正义、中庸、整洁、冷静、节欲、谦逊。他正是按照以上这每一条监督自己，对抗自身的拖延行为，并最终取得了胜利。

【村上春树】

巧合的是，日本当代著名作家村上春树也喜欢用随身携带记事本的方法督促自己工作。村上也曾备受拖延症困扰，他自己回忆到，学生时代总是浑浑噩噩，每天不知今夕何夕，脑中有许多念头，却都没有记录下来。后来，他开始用记事本不断地记录自己的想法、灵感、计划，慢慢改变了自己拖拉的状况，每天准时跑步、写作、读书。

在他的作品中，有许多故事都来自他记事本里的记录，那些零碎的片段都是他灵感的闪现。

第**8**章

做，才能改变，
用强大的执行力终结拖延

做，才能改变，在做之前，分清事情的轻重缓急，做出合理的安排，不要期望最后一秒出现奇迹，这样你才能避免因混乱而陷入拖延。

Deadline（最后期限）不是你想赶，就能赶得上

最近办公室来了一个20多岁的大学毕业生，第一天上班穿着一身正式的西装，脚上却是一双白色耐克板鞋。后来，胡小懒被主任告知，这个新人将由他来带。

这个毕业生叫杜毅，他的嗓子里像是含着一块糖，有点感冒的感觉，声音很像几年前一位火过的歌手，因此，大家便都叫他阿杜。新人总要接受考核，任务是主任分配好的，胡小懒负责监督。主任把这次楼盘策划收集的资料交给了阿杜，倒不是很难的任务，只是数据的对比和表格整理需要花些功夫。原本以为这个新来的同事会紧张兮兮地来问胡小懒各种问题，他都做好被唾沫淹没的准备了。可阿杜却自顾自地刷着微博，不时地冒出两个问题，还都是娱乐圈的"大事儿"。比如，杨幂漂不漂亮，章子怡嫁给汪峰合不合适等。

一个新人竟然对自己的第一次任务一点儿也不紧张，这让胡小懒有点感到惊讶了，于是主动和他聊了起来。这个阿杜说自己一直是那种不拖到最后一秒不会动手，且越有压力越有动力的人。

胡小懒一听，这不就是自己当年的模样吗？那时候总是觉得火烧眉毛是一种刺激，于是许多次都是熬夜在做策划，甚至顾不上吃饭睡觉，可结果并不尽如人意。

　　胡小懒清楚地记得，两年前他手头上的一个策划案，主任给了他一个星期的时间。他看了这个案子的前半部分，觉得这个策划并不需要那么久，一个星期的时间很宽裕，于是他决定第二天再开始做。那一天他悠闲地上网听歌，还逛了许久的淘宝。

　　第二天照样悠闲，一会儿跟同事闲聊，一会儿看看豆瓣、刷刷微博，晚上还跑去小区里看别人遛狗。眨眼就到了第五天了，看着那一大摞资料，他这才有点急了，因为本来打算用两天把数据整理好，第五天就开始动手的，可是周三却被几个出差经过这里的大学同学约出去打台球了。不过，他在心里依然觉得两天的时间应该是足够的，第四天下班的时候，胡小懒发现后面的策划并不像自己想的那么简单，心里开始有点慌了，准备晚上加班奋斗，可谁知就在他刚刚打定主意时，同学的电话又来了……胡小懒一边犹疑着，一边脑子里盘算着明天就算是不吃不喝也得把策划书赶出来。一想到这儿，他就觉得事情有着落了，于是又陪着几个哥们儿痛快地玩了一宿。

　　周五上班的时候，胡小懒带着个熊猫眼，包里塞着咖啡、面包准备在公司血拼。可是这犯困的毛病可不是那么容易对抗的，到了中午胡小懒有点撑不住了，可策划案只完成了一小部分。他勉强休息了一会儿又接着干，直到晚上12点多，他才连拼带凑地把策划书给做好了。原以为这样就万事大吉了，可第二天就被主任狠狠批了一顿：数据混乱、基本的格式错误……更悲催的是，胡小懒还错过了隔天公司的一个聚会和一个去四川出差的好机会，要知道，阿坝州可是他做梦都想去的地方。

　　这件事让胡小懒吸取了不少教训，把事情拖延到最后不仅浪费时间，说不定还会错过意想不到的机会。现在的胡小懒已经学会了合理地安排时间，制定计划，他发现这样的方法不但能更轻松地完成任务，还能够有空闲的时间去做自己想做的事，整个人的状态变得非常好。

他把这事儿说给了阿杜听，阿杜说自己与胡小懒不同，他不是想拖着，而是没有灵感，没有灵感就没有效率，他必须得到了最后期限才能静下心来好好做。

听阿杜如此说，胡小懒发觉这个新同事的情况有点复杂，于是一番苦口婆心。连胡小懒自己也没想到，那天居然能说出那么具有教导性的话，而且居然说得那么硬气。

原本，胡小懒认为阿杜听了前辈的"教导"后，应该有所感悟，可谁知这个阿杜依然我行我素。胡小懒对说服这个"后辈"彻底失望了，心想，总有一天等他吃了亏一定会醒悟的，就像当初的自己。

拖延症的常见原因有不自信、追求完美、低自我效能感，以及自我设阻和冲动等，而这些最常见的原因在阿杜身上都没有见到。胡小懒其实更愿意将眼前这个大男孩定义为初期的拖延症患者，他希望在阿杜尝到拖延的苦楚之后，能够找到方法改掉这个坏毛病。而不是等进入一种百毒不侵的状态之后。

接下来的两天，阿杜也还是和第一天一样，坐在自己的位置上刷刷微博，时而伸个懒腰，喝杯咖啡。胡小懒则选择了静观其变。

💡 戒拖小贴士

1. 工作中不要追求冲刺的刺激感，循序渐进才是王道。因为你永远不知道冲刺阶段会有什么阻碍突然出现。

2. 空等灵感突现再开始，不如在进行中寻找灵感。

不幻想可以在最后关头奋起超越

阿杜上班已经第四天了，按照约定，他要在明天完成主任交代的任务。那天白天，阿杜开始稍微翻翻资料，刷微博的时间似乎也比之前少了一点。但胡小懒并未从阿杜脸上看到焦急的神色，他甚至开始怀疑这家伙是个深藏不露的高手。

胡小懒一个下午都去外面做市场调查，到了快下班的时候，才回到办公室，他看到阿杜正对着电脑，时而挠挠头发，时而对着桌上成堆的资料发呆。阿杜一回头看到胡小懒，像是抓到了一根救命稻草似的对他说："胡哥，主任交代的事儿应该怎么做才能快点搞定啊，您能给我指点指点吗？"

这原本第一天就该提出的问题，足足让胡小懒等到了第四天。此时的阿杜言语中明显带着一种慌张。胡小懒淡淡地说："没事儿，别急，你再好好想想，有了思绪再开始，又不是今天就要交给主任。"

阿杜尴尬地转过头小声说："哦，好吧，谢谢胡哥。"

看到此时的阿杜，胡小懒就像是看到当初的自己一样，但若不让这小子的眉毛被烧一烧，他不会明白拖延的后果。

到下班时间了，若是照前几天的情况，阿杜肯定第一个冲出公司大门，但今天的阿杜就像是被钉在凳子上一样，一动也不动。胡小懒当着他的面把办公桌上的东西一点点整理好，还有意无意地说了句："主任交代的事可算完成了，我的计划表还是很管用的。今晚可以好好放松下了。阿杜啊，你也收拾收拾，准备下班吧。"说着他还顺手轻轻撕下了一直贴在电脑右上方的便利贴，故意让阿杜看到。

只见阿杜转过头来，额头已经渗出细细密密的汗了，他摸了摸头发说："胡哥，你帮帮我吧。主任交代的事儿我还是一点头绪都没有，明天我肯定交不出东西来。胡哥，我也不知道怎么回事，这次一点也静不下心来，完全没灵感，越想做完越着急。"

胡小懒笑笑说："别急，你晚上回去再好好整理整理，我很看好你的，赶快找回自己该有的状态吧。"

这天晚上，阿杜加班到很晚，还给胡小懒发来了一连串问题，不过他只回复了一句话：赶快找回自己的状态吧。

第二天早上，胡小懒到办公室时，阿杜已经在工作了，只见他正端着咖啡坐在电脑前看一个满是数字的表格，满脸憔悴。胡小懒拍了拍他的肩膀，递上一份早餐，阿杜朝他笑了笑，然后充满恳求地对胡小懒说："胡哥，你帮帮我吧，我真的来不及了，这是主任交代我的第一件事儿，我要是都没完成，肯定过不了试用期。回头我请你吃饭。"

胡小懒见状笑笑说："阿杜啊，你知道你为什么完成不了吗？不是灵感的问题，而是习惯的问题。把事情拖到最后，心都静不下来，怎么可能进入状态。"

阿杜若有所思地点点头说："以前在大学的时候，学生会的文案到最后一个晚上都是和寝室的哥们儿一块弄好的，而且即使弄不好学长也总会宽限几天，真完成不了也没什么大事儿。"

胡小懒拿出一份文件夹，里面是他前天工作之余顺便整理的数据，也就是阿杜要完成的任务，阿杜看到之后惊讶地睁大了眼睛，一副不可思议的表情。胡小懒告诉他，这些数据他前前后后花了三天的时间来做的，只是每天都只用两个小时左右。不过他并没有把那份文件给阿杜，他让阿杜自己去和主任解释，主任知道后倒也没有大发雷霆，只是又给了阿杜一天的时间，并且告诉他再完成不了，就得考虑他是否能胜任这份工作了。

阿杜回来的时候如释重负，他跑来找胡小懒借他之前撕掉的那个计划表，之后便开始了一天的工作。他学着胡小懒制定了一个临时的计划表，中间还空出了两个小时休息，到了下班的时候，阿杜伸了个大大的懒腰，对胡小懒说了声谢谢。胡小懒觉得，阿杜这次总算是尝到拖延的苦楚了。

其实，拖延这个毛病是由内而外慢慢养成的，自己本身的懒惰加上做事情不善于分配时间，而且还面临着外部环境因素等一系列诱惑，久而久之，便难以自拔了。

生活中总有些人喜欢纸上谈兵，其实没有动手实践之前，我们大多数人要么低估事情的难度，要么低估自己的能力。前者往往盲目自信，像阿杜就属于这一种；而后者往往会因为自卑而拖延，总觉得这样的方式可以延缓或者逃避失败。所以我们要正确地分析自己、认识自己，从而找到自己的病根，对症下药。

外在的原因则相对较多，抵抗不住诱惑是其中的一种。他们总是宽慰自己，从而对时间期限放松警惕，最终导致无法完成任务。侥幸心理是另一种外因。一直抱有侥幸心理的阿杜，总以为有人会在最后一刻出来帮助他，总以为完成不了任务不会有太大的惩罚，于是自然而然就拖延起来。

拖延是一种习惯，一种将自己置于高处，对时间把握不准确，也无法认清自己的习惯。它会让人沉溺其中，产生这个习惯可能只需要几次实践，而改正这个坏毛病则需要我们先尝到拖延的苦楚，然后才会寻找行之有效的方法来解决。

请记住：不要以为到了最后一秒会出现所谓的奇迹，奇迹是自己努力创造的，而不是拖延给我们的补偿。

戒拖小贴士

1. 最后关头即使赶上，也是对体力和精力的提前透支。

2. 千万不要认为完不成任务也没什么大不了的，有时候带来的损失会超乎你的想象。

3. 正确地认识自己，对于改善拖延也是十分必要的。

化繁为简，小任务让你更觉轻松

胡小懒素来是个不会规划，更不善于总结的人。对他而言，所有的任务就好比一团乱麻，他的态度则是能拖则拖，能躲则躲。他刚进公司那会儿，因为考虑到他是新人，所以分配给他的任务大部分都是很具体的，比如，做某项工程的策划时，会划分具体区域让他做调查，他就像个机器人一样，跟着遥控器发出的指令行动。主管见他态度比较认真，而且恰好公司缺人，于是就被委以部门组长。

胡小懒升职那天兴奋了许久，打电话给爸妈还不够，连身边的朋友都告诉了个遍。因为对于有拖延症的他来讲，几乎很少能遇到赏识他的"伯乐"。所以这次主任的"看走眼"对他而言完全是天上掉馅饼，他在心里暗暗告诫自己，必须得戒掉拖延这个坏毛病，不让主管发现它。

当天回家后，胡小懒拿起便利贴写上各种励志的话语贴在床头和书桌上，做完这些，他整个人就像打了兴奋剂一样，抑制不住地狂喜。他还给自己制订了一个计划表，对自己每天要做的事情做了个大致的规划。就这样，平淡地过了一个多月，胡小懒心安理得地觉得自己已经没什么问题了，于是每天心情都很愉快，走在路上常哼着小曲儿。

直到第二个月月初，公司接到一个比较急的案子，需要加班。主管拍拍胡小懒的肩膀说："养兵千日，用兵一时。小胡，好好干啊。"

　　胡小懒一脸干劲地用力点头。可是当拿到任务的时候，他忽然间不知所措了。这个任务相比之前所做的那些案子要复杂很多，这次竟然让他全权负责这个策划案的收尾部分，一时不知如何开始。好在主管给了他一周的时间，他决定前两天好好看看公司以前的策划案备份，之后再开始解决这个大问题。

　　第一天，胡小懒在公司的文件室待了小半天，眼睛已经看红了，下午他便犒劳自己休息半天，到了晚上他却开始打退堂鼓了。不过第二天，当胡小懒起床一抬头看到床头贴着的"机会是留给准备好的人的"时，还是挣扎着爬了起来，不过这一天他还是一点头绪都没有，在文件室他几次还差点睡着了，下午则盯着电脑发呆。

　　转眼到了第三天，主管问策划案进行得怎么样了，胡小懒随便搪塞了一下，当听到其他负责的部分都已经进行到一半了时，胡小懒立刻开始着急起来。可是刚找到头绪，又遇到了没想到的大难题，这一天，他都是焦头烂额，不时还想到过放弃。

　　胡小懒决定搬救兵，他如实告诉了主管自己在工作中所遇到的困难，主管笑笑说："你一点儿计划都没有，当然做不好这个工作了。"主管递给他一个表格，胡小懒接过来一看，是一张条理清晰的树状图，一个复杂的策划书所需要做的部分和注意的地方几乎都包括了。胡小懒惊讶地发现，原来一份复杂的策划书竟可以被拆分成一些简单的小任务。谢过主管，胡小懒回到自己的位置，按照那张表格的样子，对自己手头上的策划书做了一个拆分，他发现一切似乎在瞬间明了了，望着清晰的树状图，他立马动手做了起来。没一会儿，文件就整理得差不多了。

　　之后的两天，胡小懒按部就班地工作，他不再想着这个庞大的任务，而是严格按照树状图上的指示，一个一个解决。周五下班之前，胡小懒终于按时交上了策划书，主管笑着说："庖丁解牛的故事听过吧？

其实我们有时候总是把事情往复杂的地方想，不过是自己恐吓自己，如果能够把大任务拆成小任务，不就简单很多了吗？"胡小懒听后佩服地点了点头。

拖延的一个很重要的因素就是畏难，遇到难题总是胆战心惊，不知道从何下手，于是就往后拖。而且总是问自己，我能做好吗？久而久之，就开始怀疑自己的能力，更加不自信，最后完全找不到头绪。

那针对这种情况，我们应该怎么办呢？

第一，试着做到"目无全牛"，学学庖丁，把整体拆分成更小更简单的任务。这样不会导致打击我们的自信心而知难而退。其次也能让人的思路变得清晰明确，有利于我们合理去安排时间和精力，这样也有助于任务的完成。

第二，和身边的长者多学习。经验是一笔财富，长者可能会提供给我们一些意想不到的方法，我们要善于主动学习。当然仅仅是学习还是不够的，要学会运用，并且自己去总结、尝试。

💡 戒拖小贴士

1. 把一件复杂的事拆分成无数简单的事，你就不会再觉得难，进而避免拖延。

2. 遇到困难，多向身边的长者请教，往往会有意想不到的收获。

倒计时法：时间原来这么紧

自从"拖延症"这三个字出现在胡小懒的人生字典里后，他认为自己的人生都被这种莫名其妙的病症绑架了。不管遇到什么事总是拖拖拉拉，明知这样下去自己一定会后悔，但脑海里却总有一百万个理由在说服自己继续拖下去。更可怕的是拖延症这种病，是越拖越想拖，胡小懒就算是意识到了，也没有能力去改变。

从刚进公司时的干劲十足，到现在的懒散拖拉，胡小懒的变化公司的马姐可都看在眼里。

这天，马姐对胡小懒说："小懒啊，你有没有发现你虽然能力强了，但是好像比以前更懒了。"

胡小懒低着头，说："是啊，我有时接到工作后，就是不想做，非要拖上一个星期才动笔。"

马姐说："但是我觉得你最近这段时间好像状态似乎比之前好了一些。你是已经在改了吗？"

胡小懒兴致勃勃地说："我已经开始戒拖一段时间了，目前为止，我用过番茄时间管理法、土豆任务管理法、胡萝卜管理法……"

马姐一听就乐了："小懒，原来你这是去菜市场了。"

胡小懒解释道："这些是专家研究出来的戒拖方法。"

马姐说："我不知道什么专家不专家的，不过看你这么努力，我倒有一个好方法可以传授给你。这人啊，谁没点懒惰心啊，可一辈子也不能都在懒中度过啊。我这个方法啊，我也给起个名吧，就叫倒计时法。"

胡小懒很好奇，马姐接着说："就拿我来说吧，每天下班回家我要买菜、做饭，还要收拾屋子、洗衣服、辅导孩子功课，还有各种杂七杂八的事情要处理。如果我不抓紧点做，到半夜也睡不了觉。

"我刚有孩子的时候，每天手忙脚乱的，天天过了夜里12点都睡不了觉。但后来，我总结出一个办法。现在，我每天在下班的路上就想好了回去的安排。如果我想11点睡觉，那我就需要在10点半洗澡上床，这之前我需要先哄孩子睡着，我家小宝不爱睡觉，通常得哄半个小时。九点半的时候要开始给小宝洗澡、收拾书包，在此之前还有一个小时是帮小宝复习功课、检查作业，那就意味着我需要在八点半之前让全家吃上饭，并且收拾完毕。刷碗需要二十分钟，那就是八点十分。一家三口在一起吃饭，通常都会聊一会儿，这样吃饭至少要四十分钟，那就再往前推四十分钟，我需要在七点半做好饭。

"洗菜、摘菜、炒菜、蒸饭一般需要三十分钟，偶尔想煲一个汤那就需要更长时间了。如果只是平时简单炒两个菜，那必须要在七点钟之前开始准备做饭。到家后我一般会休息十分钟，这就是说我每天必须在六点五十分之前买好菜回家。

"我们公司六点钟下班，我要出去等几分钟的公交车，下车后再走一段路才能到家附近的超市买菜。这个过程需要三十分钟。所以留给我在超市里买菜的时间不超过二十分钟。如果哪天我想包个饺子，或者煲煲汤，三十分钟的做菜时间根本不够，我就得提前一天买好菜，才能保证下班后家务事不出岔子。"

胡小懒听完后对马姐深感佩服，他从没想过，一个家庭主妇每天也要面临这么多的事情。

胡小懒将马姐讲的倒计时法做了一个总结。倒计时法主要是设定一个时间节点，比如，在马姐的例子中，就是每天11点要睡觉，11点就是一个时间节点；放到工作上，可以将其设定为一个项目必须提交的日期。比如，某个任务必须在3天后完成，那么，就还有3天的时间可以用来准备。接下来，要考虑该工作完成需要哪些具体内容。在马姐的例子中的洗澡、哄孩子睡觉、辅导功课、买菜、做饭等都是具体内容，而具体到一个方案上则可能是前期背景调查、框架构思、撰写各个部分、最后整合、检查、美化格式等。然后，再将每个任务都分配好所需的时间，比如，买菜需要20分钟，查资料需要2个小时等。接下来，是从时间节点开始一步步倒推，要想完成这个任务，最后一步是什么，需要多少时间，一项项地倒推，一直倒推到项目开始的部分。

对拖延症患者来说，开始行动是最困难的一点。倒计时法与其他时间管理方法比有一个很重要的好处：那就是通过一步步倒推，能够明确意识到，原来，要想按照既定的时间完成任务，自己剩下的时间真的不多了，这样会带给人一种直观的紧迫感，从而触动拖延症患者赶快行动。

另一方面，要想戒拖，还要努力让自己做一个自信的人，要在相信自己的能力的同时给自己一定的压力，试着在目之所及的地方写一些鼓励性的话语，让自己在疲惫的时候也能够坚持下去。

💡 戒拖小贴士

1. 倒计时法更能让人认清时间的紧迫。

2. 随时给自己鼓励，以推动更好地执行。

会授权，你的团队才有战斗力

公司新来了个实习生潇潇，这次交由胡小懒的同事Kay来带。早些时候，Kay就曾跟胡小懒吐过苦水："哎，我最讨厌带新人了，新人什么都不会，我这个人从小就不适合当老师，最烦教别人东西了。更何况我是个喜欢亲力亲为的人，要不小懒你帮我带带新人好不？"

新人是老板指定叫Kay带的，就算胡小懒有心帮忙也无能为力。自从潇潇来了后，胡小懒就成了Kay的牢骚垃圾桶，每天中午吃饭的时候，Kay都有一大堆抱怨的话要跟小懒讲。

胡小懒从Kay的话中得知，潇潇可能是个略有些粗心的女孩，但谁刚毕业的时候不是这样的呢？自己刚毕业的时候也曾犯过很多今天想来哭笑不得的错误，幸亏当时遇到的大哥大姐们都很宽容，耐心地指导他，自己才能有今天独当一面的能力。

可是当胡小懒跟Kay说完之后，Kay表示自己也明白这个道理，但就是受不了别人做事毛毛躁躁，自己分派给她的任务，还要帮她收尾，这不是给自己找罪受吗！

没多久，有一个案子需要Kay主导，胡小懒也被分派过来充当Kay的临时下属。可胡小懒发现，平时明明不怎么拖延的Kay却迟迟没有给自己和潇潇分派任务。

胡小懒不得不主动询问他，Kay 这才指定了一个版块让胡小懒负责，胡小懒问："要不要大家一起先开个会讨论一下方案的框架，这样做起来也会容易些？"

Kay 不耐烦地说："不用，不用，我都规划好了，你帮我把我指定给你的部分完成就可以了。"

"那潇潇负责哪一部分？"

"她啊？她不添乱就不错了。"

胡小懒无奈地看着 Kay 焦头烂额地忙着，自己也只能尽快把 Kay 指定的几页做好，想着能尽快帮他一下。这个案子领导特意派小懒来帮忙，就是因为客户时间要求得非常紧急，没两三个人根本赶不出来。

可想而知，最后这个方案只能不完善地交上去，而 Kay 也因此而被领导批评。

其实，Kay 就是典型的不会授权型。领导既然让他来主导任务，他就应该根据情况，合理地给胡小懒和潇潇两个人分派任务。放着实习生潇潇在一旁什么都不做，自己却忙得焦头烂额，最后赶出来的方案肯定不能令人满意。

在工作中，为了实现最大效率，要给小组里的每一个人合理授权。要知道，一个人的力量是有限的，而组织的力量则是无穷的。

要做到合理授权，首先要让大家熟悉项目。Kay 应该先召集胡小懒和潇潇，弄清项目背景，了解客户的要求以及他们有哪些工作需要逐步完成。只有让你的团队成员清楚地知道整个项目的整体框架，他们才知道自己能做什么，而且，也有助于领导者根据成员的才能分派任务，否则就是对团队资源的浪费。

第二点是要明确责任。如果领导者只是组织团队成员简单开个会，并没有明确每个人应负责的部分，则极其容易出现扯皮的现象。

第三点就是要授予权力。初当领导的人最容易犯的一个错误就是不相信自己的下属，特别是一些个人能力比较强的领导。这样的领导会觉得将任务分派给下属太过麻烦，还需要向下属一一解释，不如自己一个人完成。可一个人的力量终究是有限的，花一点时间向团队成员布置任务，并在执行过程中给予一定的指导，领导才能有足够的时间去做更重要的工作。

第四点是要及时跟踪检查。领导者需要在项目开展期间不时跟进团队成员的工作，当发现与既定方向有偏差时，应及时告知。当团队成员在开展工作中遇到困难时，领导者应该及时给予指导。在上述案例中，Kay将任务分派给胡小懒之后，就完全不管不问，只是在最后关头将胡小懒的方案跟自己做的部分整合到一起，若最后发现胡小懒做错了方向，那么整个任务就无法提交。而这种错误又是极可能发生的，因为胡小懒并不知道整个方案的思路，完全有可能做偏了。

"一根筷子，轻轻被折断，十根筷子，牢牢抱成团"。合作才能最大限度地提升效率，如果一个领导者只会自己闷头工作，不会授权，哪怕他本来没有拖延症，也会被繁多的工作折磨成拖延症的。

💡 戒拖小贴士

1. 相信你的团队，但要在必要的时候给予指导。

2. 不会授权，会让你越来越忙，从而发生拖延。

3. 集体的力量，总好过一人的逞强。

【解读】人为什么会有侥幸心理

很多人都有侥幸心理，拖延症患者这种心理更普遍。他们总觉得事情拖一拖没什么大不了的，殊不知，很可能就会终导致不可收拾的后果。

为什么人们会有这种侥幸心理呢？

从进化论上来说，侥幸心理其实是人的一种本能反应。当人遇到暴风雨、台风、山崩地裂等自然灾害或巨大风险时，如果人清醒地意识到自己逃生的可能性为零，那么在这种状态下，人的精神系统是会崩溃的。所以，在这种时候，人体的自我保护系统开启，大脑会发出"一定会有机会逃出去的，一定能活下去"的指令，让人能够凭借精神力量去坚持，从而获得生机。

在平时的生活里，如果是做事脚踏实地的人，即便是有侥幸心理，一般也不会导致严重结果；而对于那些本来就不踏实，一直抱有投机心理的人来说，侥幸心理很容易就会在他们的心中占据上风，进而导致严重的后果。

很多人在过马路时明明看到是红灯，却偏要大步向前。怂恿他们做出闯红灯行为的就是侥幸心理，他们觉得闯一次红灯，不会那么倒霉就发生交通事故。殊不知，大部分交通事故的当事人当时都是抱着这种心理。

不只是过马路，类似的抱有侥幸心理最终带来恶果甚至酿成大祸例子，在我们的生活中可谓比比皆是，不胜枚举。

人总是容易相信，悲剧都会发生在别人身上，离自己还很远，恰恰是这种侥幸心理，让人忽视了悲剧即使有万分之一的发生概率，对于遭遇的那个人，也是百分之百。

所以，拖友们，要想摆脱拖延症，千万不要心存侥幸心理！

第9章

自律是王道：
上进的心可以治愈拖延

拖延症其实就是自制力差，管不住自己，拖延症患者最擅长自欺欺人，一点点把事情往后拖，总也进不了状态。改变自制力差的问题，就要从小事做起，用一个个微小的进步树立信心，当上进心占上风时，你离自律就不远了。

你荒废的所有时间里，都有人在努力

胡小懒毕业时恰逢经济不景气，他一个刚毕业的大学生，学习成绩不理想，在学校期间也没有什么特别的经历，所以只能凑合着找了个小私企先混着，这一混就混到了现在。

一天，胡小懒按公司经理的安排，送一份企业策划案的册子到某知名跨国公司。胡小懒一进那家跨国公司的大楼，就觉得自己矮了半截。经过重重关卡，他终于将企划册交到了相关部门人员手中。

想着同样是上班族，人家在这样有品位的环境里工作，和自己简直是天上地下的差别，胡小懒的心里非常不平衡。他闷头往电梯方向走去，正好电梯开门，他急急地往里走，旁边有个人也往里走，两人撞在一起。

胡小懒气冲冲地说："挤什么啊？"他一抬头才发现，竟然是一位高雅美丽的长发美女，她正盯着胡小懒，若有所思。胡小懒立即低头道歉："对不起，我太赶时间，有没有撞到您哪里？"

"你是……胡小懒吧？"那美女突然问道。

胡小懒惊讶地抬起头来："您是？"他仔细地打量着这位美女，想不起什么时候认识过。

"我是……哦，没事！"她按下一层的按键。

胡小懒再次打量她，还是没有想起来。他小心地问："请问，您怎么知道我的名字的？"

那位美女理了一下柔顺的黑色长发，发丝飘拂在她的高级套装上，这件衣服恰到好处掐出S形曲线，雅致又不失性感。她扭过头来，对胡小懒微微一笑，美丽的面容再配以精致的妆，让胡小懒几乎要晕过去。

"在你上大学时，是不是有个胖姑娘喜欢过你，而你却拒绝了她？"那美女问道。

"你怎么知道？"胡小懒惊讶地问。

胡小懒毕业几年还是单身，但是在大学时他却确实有过一次被女生倒追的光荣历史。

那会儿他刚刚踏入大学，正是怀揣梦想、热血沸腾的时期，他立誓要改变自己的拖延症，重新出发，重塑自我。因此，在他上大学的前两周，他除了上课就是在图书馆自修，还参加了话剧、武术、辩论等几个社团。就是他如此努力学习的样子为他招来了不少女生的喜欢，那天他的课本里被人悄悄地夹进了一张纸条，约他当晚六点半在篮球场的球架下会面。

胡小懒还是第一次收到女孩的纸条，他高兴地发动了整个宿舍的人来参谋怎么进行第一次约会，经过全宿舍人员的参谋，他终于打扮一新地准时出现在了约会地点。

胡小懒期待着一位身姿美妙、容貌姣好的长发美女出现在自己面前，然后和自己共谱一段人间佳话。然而一见面胡小懒就傻了，眼前这位女生，个子不高，而目测体重足有一百七八十斤，头发剪得和男生差不多，大饼脸就更明显了。一件粉色裙子紧紧裹在她身上，看起来总是很别扭。

胡小懒正准备开溜，却被女孩叫住了，接下来的对话，胡小懒记不太清了，到现在只记得，那女孩好像问了他一句："你，你不喜欢我吗？"而胡小懒在指出对方太胖，不喜欢之后，逃一般地跑开了。

这一切都落在了躲在一边的舍友们的眼中，胡小懒因此被他们整整笑了一个月！

胡小懒再也没有见过那个女孩，很快也忘了这件事。由于同学们嘲讽他装着"学霸"的模样钓美女，他就连图书馆也不去了，课堂上不认真听了。他有了充分的理由不再认真学习："避免再被谁看中！"刚刚放下两周的游戏和小说又重新占据了他的时间，初入学时的雄心壮志早已飞到了天上，社团也不去了，图书馆里只有他倒头大睡的场景，在课堂上也是人在曹营心在汉。就这样他一直混到了毕业！

可这件事除了他的舍友们，并没有其他人知道，眼前这位又怎么会提起这么久远的隐秘事呢？

"呵呵，你想不想知道你拒绝她之后的故事？"美女看着电梯楼层号说。

"你知道吗？"胡小懒不由好奇起来。

"当然知道。你当时说她太胖所以不喜欢她，她很伤心地离开了，此后下定决心减肥到一百斤以下。她报名参加了学校的健美操社团，成为整个社团历年来最胖的一名成员。最初的练习对她来说是非常痛苦的，但是她坚持了下来，一年半之后她实现了目标。同时，她努力学习，积极参与社会实践。"

"想不到的是，随着她的转变，有男生争着向她表白。最后她以优秀毕业生的资格被推荐进一家知名跨国公司工作。她入职后继续坚持健身和学习，在三年之后升任公司的部门主管。"这时电梯到了一层，她率先走出电梯，胡小懒如梦初醒地急忙追了出来："请问，您怎么知道这些的呢？"

"我就是那个胖姑娘！"美女淡然答道。

胡小懒简直不敢相信自己的眼睛。这时美女说道："我得谢谢你呢，如果不是你拒绝了我，也许我还是当初那样天天混着过日子，根本不会有今天！"

"怎么会……"胡小懒吃惊得半天合不上嘴。

"被你拒绝后，我仍在关注你。之前我以为你是位学霸，没想到你在学习上根本就是在混。我为自己看走眼而懊恼，就更加发誓要改变自己！别人还在睡懒觉时，我已经在操场跑了两千米；别人在看小说打游戏时，我却在教室里做练习；别人在周末去游玩时，我却奔波在打工的路上。别人越荒废时间，我就越要抓紧时间努力，我设定了一个个目标，一个个地实现。今天我们这样相遇，我一点都不意外！"

胡小懒呆呆地望着美艳自信的她，想想这些年的自己，每天都在下定决心，每天都在拖延，什么都不能完成。一时拖一时，一天拖一天，一年拖一年，到今天竟然一事无成。这一刻，他真是无地自容。

💡 戒拖小贴士

1. 拖延常常是因为没有明确的目标，越是大方向模糊，越容易荒废时间。
2. 寻找到一个必须前进的动力。

戒拖，先把桌子清理了吧

　　胡小懒偶遇大学胖美女的事让他受到了极大的刺激，从走出那家公司的大门起，他就下定决心：不改变就不姓胡！所有的拖延症都必须甩到太平洋去，一个励志奋进的青年于此时此刻诞生了！

　　然而，当胡小懒坐在自己的办公桌前，刚才的雄心壮志的自己又一下子像泄了气的气球瘪了下去！

　　让我们先来看看他的办公桌吧，相信很多人如果亲眼见到都会头痛的。一眼望过去，各种东西都杂乱地堆在一起，桌子上除了能放两只手的位置，一点空余之地都没有。

　　左手边是文件架，架子上插满了各种文件夹，其中包括过去的策划案、使用过的资料、公司内部文件，架子上面还歪斜地放着两三本书，有几页还从书本里探出头来。文件架的前面放着一堆五颜六色的纸，里面有项目效果图，有策划方案PPT彩页，有从资料上截下来的设计图。

　　办公桌的正中是电脑显示屏，屏幕的四周被他贴上了各种即时贴，花红柳绿，长短宽窄不一。贴纸上记录的内容有的是他一时迸发出的灵感，有的是合作单位的联系方式，还有紧急事情的提示，或者是资料存放的提醒，甚至是快递小哥的电话，满满当当，就算是想找资料，估计也要翻找一会儿。

右侧是笔架、胶棒、钉书器等常用的文具，这些文具东倒西歪地攒在那儿。桌面上有随时会用的碳素笔、铅笔、彩笔、中性笔，这些笔中有一些都已经无法使用了，却仍然摆在上面。水杯就在这些物品之中见缝插针，杯下还压着几页今天正在处理的文件，已经有两圈水渍不幸在纸上留痕。

与隔壁分隔的桌板上，贴了公司的通讯录、公司下发的通知单，从春节到中秋的都贴在一起，纸色已经发黄了。板上搭着抹布，已经看不出原来的颜色。

办公桌下面除了电脑主机和垃圾筐，还放着一个大纸箱子，纸箱子里杂乱地堆着一些文件夹和草稿纸，上面都已浮了一层灰尘了。

胡小懒长叹一声，打算开始收拾，估计这么乱的桌子要收拾一天时间才能整洁。他在心里暗自抱怨，想清爽地进入工作状态，实在是困难重重，收拾个桌子都如此麻烦，还是明天再开始吧，今天就这样凑合一天吧！

第二天，胡小懒似乎完全忘了昨天的清理计划，第三天依旧，一天又一天，眨眼间，又过去了几个月。

其实所有的拖延症患者都是这样，虽然他们也讨厌杂乱的环境，也想生活在整洁干净的环境里，但面对当前的杂乱环境，依然不会行动，或者总想到明天再清理，结果明日复明日，想要的整洁永远不可能实现。

对于拖延症患者来说，还有一个与办公桌非常类似的杂乱环境，那就是电脑里的文件。各种文件不管有没有用，全部放在桌面上，总想着"先存在这里，有空再放到相应的文件夹里"，然而这一放，整理就变得遥遥无期了。有人的桌面上文件多到连桌面的底图都看不清了，却还是拖着不整理。而各个硬盘里也一样，每次要用的时候都想不起来存在哪个盘里了，只好进行搜索。有时候，连自己也忘了文件的具体名字，搜索都变得非常困难。这样一来，还何谈工作效率呢？

当手上的任务积累得越来越多时，人们的记忆就会发生混乱，拖延症患者则会表现得更明显，当某件事需要解决时，他会觉得脑子里一团糨糊，根本记不清事情到底进展到了哪一步，还有什么问题要解决。因为他的记忆也和他的办公桌一样乱七八糟，没有条理。

即使是作为已经在公司混了数年的老员工，胡小懒仍然不吸取经验，有了任务时只是简单地构思出框架，他常常这样想："这么简单的任务，我闭着眼也能完成！"他也不分析与过去接触过的方案有什么差异，也懒得向最新的同类企划案学习，只固守着自己原有的资源和思路。接到新任务后应该和客户要一些企业信息，以便策划更有针对性，然而如果一两个电话没打通，或者没说清，他一般就懒得再打，想着还是下次再说吧，或者会想时间还早呢，再说吧。

而且，胡小懒还有一个毛病，那就是每次开始工作之前，他总能找到各种与工作任务无关的事情消磨时间，美其名曰构思，而实际上思路并没有任何进展，时间就这样在无声无息中流逝。等交任务的时间快要到时，他才慌张地开始工作，然而查资料、做比较、做分析、找新意，哪里是一时半会儿就能好的呢？

最最要命的是，胡小懒不得不在自己办公桌上那一堆一堆的文件里翻找，还要在电脑里不停地搜索想用的资料，甚至要从桌下那一堆久不翻动却又没有处理的纸堆里寻觅。这时又需要联系客户要资料了，客户没得到通知，没有提前准备好，越发使工作的时间变得紧急。最后，就算是拼了命把策划方案做出来了，领导看了也少不了皱眉。

当然了，这个时候的胡小懒又要发誓了：等完成这个任务，一定要把电脑里的文件和办公桌上的资料好好地整理一番，分门别类，让自己再也不会让资料在用时找不着了。

好不容易把策划案做好了，胡小懒总算是松了一口气。抹一把额上的汗，再看看经过这一番狂风暴雨式的翻找后越发混乱的桌面，胡小懒怎么可能有意志去整理？先这样放着吧，等今天先喝杯咖啡喘个气，明天一定整理！

其实，该做的事没有做，患有拖延症的人也会不安，但是他们一定会找到能说服自己的合理解释。比如，我现在休息会儿，以便一会儿更好地工作；或者说我在进行更好的构思，避免开动之后又要返工。总之，在合理理由的说服下，他们就把事情一直拖着。但实际上，这种所谓的休息和放松其实就是懈怠，这种状态不仅不能起到放松的作用，反而会因自我欺骗而产生不安，使不得不进入工作状态时的工作效率更为低下。

有一次，由于胡小懒的大意，方案出错误，让客户大为恼火，要求当晚必须将方案修订完成，胡小懒顿时就抓狂了，幸好公司派了小周帮他赶稿。胡小懒和小周一起配合才发现，小周的文件资料整理得非常清晰，不管需要哪一个，他都能在极短的时间查到。胡小懒羡慕地说："小周，你怎么记得这么清楚啊？"

小周的回答很简单："随手收拾，随时整理，不拖延不积攒，有序可查，自然不难。"

再看小周的办公桌，整理得井井有条，文件也分门别类地放在文件框里，并在文件夹上做了清晰准确的标注。电脑上也是，接收的文件从来都是直接存入相应的文件夹里，即使临时存在桌面上，也会及时整理，电脑桌面时刻都是清爽干净的。硬盘里的文件夹也设定得非常清楚，原来的策划案、使用的网络素材、客户资料、设计初稿、设计审批完成稿……分门别类，一切清晰明了。

回头看看自己的办公桌，胡小懒羞愧得低头不语。

戒拖小贴士

1. 不要轻视任何一项工作，没有在事先进行有条理的、充分的准备，真正动手时可能会让你措手不及。

2. 一个整洁的办公桌，会让人精神振奋，工作效率也会提高。

3. 无论是工作还是生活环境，都要做到随手收拾、随时整理、不拖延、不积攒。

坚持，用一个个微小的进步打败拖延

胡小懒一直认为自己是个重症拖延症患者，然而那天意外遇到了幼时邻居家的李大哥，他才觉得自己最多也就算是中度，李大哥才是真正的拖延症重症患者。

李大哥家与胡小懒家一墙之隔，从小李大哥常常带胡小懒一起玩。他初中勉强毕业就外出打工了，这一别也有小二十年了，胡小懒没想到这天在公司楼下遇到了他，李大哥非拉着胡小懒去吃饭不可。胡小懒推辞不过，就一起去了。这一顿饭吃下来，胡小懒没别的感觉，就是一个字：呛！

李大哥太能吸烟了，一根接一根地吸，不一会儿，整个屋子里就烟雾缭绕了，连服务员都不想进来。

胡小懒实在是受不住了，不得不劝他少吸点烟。结果李大哥说："我老婆的命令是在这一周内让我戒掉烟瘾，我得趁着时间还没有到，多抽点。我每年都要戒烟三五次，可还是年年戒、年年抽，哈哈！"

胡小懒听了，也不知道是该劝呢还是该跟着笑。

像这种年年下定决心戒烟而不成功的人，不仅仅是李大哥这种，还有那些天天说要减肥从不见行动的人，甚至是想要考取某种资格证而不愿开始看书的白领们。

常见的天天喊减肥却无法坚持减肥的女孩，总是在买衣服的时候才发现自己胖到看不得，或者是被别的女生抢走了男朋友才恨自己空余一身膘，这时候才下决心要减肥。然而，美食当前，一切决心都抛之脑后。等下一次再站在镜子前时，只剩默默无语泪双流！

同样，每年总是有那么一批年年参加资格考试却年年通不过的白领，这些人报名时积极，交款买书积极，到了学习的时候，就拖拖拉拉。今天上班太累了，明天再看书吧；这题也太难了，休息下再做吧；这知识点太生涩了，还是先看会儿电视放松卜吧……他们总有一万个能说服自己的理由不学习，更有甚者，临上考场前一两天，才急忙翻开书走马观花一番，上了考场只能是抓耳挠腮。待成绩出来，只好安慰自己明年继续考，一定要提前学习，扎扎实实地学习。然而到了第二年，一切又会重演。

对抗拖拉是件费心费力的浩大工程，尤其是屡战屡败时，常常让人信心大失。对抗拖拉必会有失败的反复，这是很自然的，就像是刚学骑单车的人，一定会摔几跤。然而，拖拉者常会把这个规律转化成：反正克服拖拉的毛病也要失败几次，再拖拉一下也没什么。所以拖延症患者总是很难战胜疾病。

就以骑单车为例，学骑车必定会摔跤，但是摔跤并不意味着你学不会骑车，更不是要你故意去摔跤，也不是苛求你必须少摔跤。失败了再起来，每次失败都总结一下教训，下一次可能就成功了。同样地，在克服拖延过程中出现失败，不等于拖延症不可克服，失败是暂时的，也是必经的阶段，只要善于总结经验教训，拖延的毛病在你身上就会渐渐地隐退。

拖延症患者心里总是害怕，害怕失败，害怕受伤，害怕丢人等。所以克服拖延的过程中，不要给自己定过高的目标，产生畏难心理，而且一定要从最简单的地方入手。由易及难，由小及大，由少及多，在不感到很大压力的情况下，通过微小的改进，进而产生质变的飞跃，最后彻底改掉拖延病。

比如，戒烟的人要做到少吸，那么可以把一根烟分成两半，放在不同的地方，这个不难。再比如减肥的人，挑一件非常喜欢但却穿不进的衣服挂在一眼就能看到的地方，不断地刺激自己。要考试的人，把书从箱子里拿出来。这些都是很容易办到的，只要你开始行动，就是向目标又靠近了一步。

在做完第一步之后，再进行第二步，第二步依然要设定得简单易做。比如，戒烟的人在放烟的地方放一些口香糖等小食物，想抽烟了可以吃一块糖。想减肥的人呢，可以把穿衣镜放在每天吃饭时必过的位置，每天审视一下自己的体型，你的饭量一定会有明显的下降。准备考试的人可以把书摆放在书桌上，同时收拾掉其他无关的书籍，这样一坐到书桌前，就可以看到了。

这样，一点一点、一步一步地做下来，自信会得到很大的提升，畏难情绪也就会在不知不觉中一点点消失，渐渐地就改掉了拖延。

当然，对于拖延症患者来说，坚持是一件比较痛苦的事，但是要知道，放弃之后的悔恨会比坚持时候的痛苦要大得多，所以，与其不停地悔恨，不如短暂地痛苦吧。

💡 戒拖小贴士

1. 大目标确定之后，制定与大目标相统一，但简单易行的小目标。

2. 放弃之后的悔恨会比坚持时候的痛苦要大得多，与其不停地悔恨，不如短暂地痛苦吧。

打卡，让你的目标更易坚持

胡小懒明明不是纠结型的天秤座，一到晚上却偏偏特别容易纠结，人也变得特别情绪化，因为每到这时，他都会懊悔自己又荒废了一整天。

"啊啊啊，我今天到底都干了什么？开了一整天电脑，可方案框架还是在最初那半个小时里想的，剩下的就一笔没动啊……"胡小懒不得不在心里暗暗唾弃自己。再回想起自己昨天晚上辛辛苦苦做的日程表，除了最初的一个小时，剩下的时间他都没有在弄方案。本来，中午吃饭的时候，他就有些后悔上午浪费了两个小时，想着下午吃过饭后一定要好好补回来，可谁知下午的时间又被各种各样的琐事占去了。

像胡小懒这样虽然有心戒掉拖延恶习，但执行力和自我约束能力差的人，可以选择在网上加入一些战拖小组，并坚持每天打卡。每天晚上，把自己今天的计划分配任务表在网上详细地列出来。

【自律是王道】胡小懒要戒掉拖延症！！！		
Day 1	9 月 16 日	星期五
Done :	√1. 背英语单词 7:30-8:00	0.5 h
	√2. × × × ×:× ×－×:× ×	2 h
	√3. × × × ×:× ×－×:× ×	2 h
Undone:	1. 运动	
	2. 练歌	

胡小懒做了一份上面这样的每日打卡模板，并注册了账号，开始了他的打卡生活。为了激励自己，胡小懒还给自己的帖子起了个非常励志的标题："自律是王道，胡小懒要戒掉拖延症！！！"那三个触目惊心的感叹号将胡小懒戒拖的决心表现得淋漓尽致。

胡小懒认真地在帖子里发上了自己第一天的目标，其中包括背半小时的英语单词、做完10页方案PPT、查资料、回复一封拖了很久的邮件及健身半个小时等。

以前胡小懒做日程计划表的时候，总习惯把它做得特别完美，恨不得把一天24小时里的每一分钟都规划好做什么，然而，完美的计划总是由于缺少坚持执行无疾而终。真可谓是胡小懒一做计划，上帝就发笑了。

这次，胡小懒吸取了以往的教训，没有了各种琐碎的小事，只简单列出几项必须要做的事。胡小懒在心里对自己说："要一点点来。"胡小懒刚把帖子发完，去倒杯水的功夫，就发现自己的帖子已经有人回复了。

胡小懒心里顿时有种异样的感觉。要知道，胡小懒虽然很喜欢在网上聊天，但他还从来没有发帖主动拉起话题讨论。胡小懒看了看回复，"我也是从今天开始戒拖，与楼主一起加油！"胡小懒心里有种说不出的高兴，原来戒拖什么时候开始都不迟。胡小懒又去翻看了别人的帖子，发现有很多人都跟自己相似，有的打卡已经坚持几个月了。胡小懒对自己的戒拖计划更有信心了。

这天晚上，胡小懒在11点准时关电脑上床睡觉。因为睡得早，早上也起得比平时早一些，他有时间背了一页英语单词，还能悠哉游哉地去坐公车。这一天，胡小懒时刻告诫自己"第一天要开个好头"，令他没想到的是，没到下班时间他就把计划的工作内容完成了。而后，胡小懒偷偷地看了看帖子，下面又多了几个回复，他的信心更足了。

就这样，胡小懒开始了他愉快的打卡生活。每一天似乎都过得更积极，更有效率，也更有意义了。

胡小懒原来在笔记本上写日程计划，从没坚持下来过，而一旦在网上打卡就容易坚持了。这是为什么呢？

因为很多人的内心深处都有一种想要炫耀的心理，当这种需求被满足的时候，他们更容易有动力。拥有这种心理的人，希望自己的努力能够被别人看到，希望自己能够获得别人的尊重、羡慕，这种心理只要保持在适度范围内是很正常的。如果使用合理，对自己也会有一定的帮助，尤其是像胡小懒这样自我约束能力比较差的人。

科学家有个说法，人养成一个新的习惯只需21天，只要每天坚持去做同一件事情，连续21天，就可以把做这件事当成习惯。胡小懒当然知道这一理论，他一边坚持着打卡，一边想象着21天以后，自己就能戒掉拖延，成为一个焕然一新的人，从此拥有一个不一样的人生。

这种美好的前景一直激励着胡小懒坚持打卡，坚持执行每日计划表里的任务。时间不知不觉地过去，转眼胡小懒已经坚持了22天了。可是他发现，虽然已经熬过了21天，按理来说应该已经养成一个新的习惯了，可早上起来自己反而没有第一天打卡的时候有动力，执行日程计划的时候也产生了抗拒的情绪。胡小懒这下开始泄气了。

晚上，胡小懒在打卡帖子里把自己的情况说了一遍，有位资深拖友告诉他，所谓21天养成一个新习惯，只是一种积极的心理暗示，在过去的21天里，这个积极暗示给了胡小懒很大的动力，让他能去坚持执行计划上列出的每一件事，当然，这些事都是容易做的，而且也是胡小懒心中清楚迟早都得自己去做的事情。

胡小懒这下算是明白了，好习惯难养成，坏习惯养成易。坚持了这么多天后，胡小懒发现与陌生网友的互动已经很难勾起自己的兴趣了，自己内心里还是介意21天没有养成好习惯这件事。左思右想也没想出什么办法的胡小懒，无聊地拿起了这些天很少光顾的手机，刷起了朋友圈。

胡小懒在朋友圈里看到了友人发的状态，瞬间灵感爆发，他觉得自己可以选择在朋友圈里打卡呀！朋友圈里都是一些认识的亲戚、同学、同事、朋友，他们看到自己的状态后肯定会持续关注自己，而既然在熟人面前都开了口，为了面子，也一定会坚持下去的。

果然没出所料，胡小懒刚在朋友圈发了一条信誓旦旦的状态后，立马收获了几十个赞，这让他的虚荣心即刻得到了满足。就这样，胡小懒每天在朋友圈发着自己的当日计划和执行情况，收获了很多赞和鼓励的话语，为了不浪费时间，他坚持尽量少回复大家的回应，让朋友圈打卡能发挥最大的正能量。

戒拖小贴士

1. 轻度拖友可选择在豆瓣"战拖小组""每月养成一个好习惯"等小组进行打卡。

2. 资深拖友可在坚持完一轮网站打卡后，选择朋友圈打卡。切记一定不要过多回复好友的点赞和评论，以免占用你的大量时间。

远离损友，别让自信一点点失去

最近，胡小懒心仪上新来的总经理秘书Linda，她的容貌、身材、气质……总之，各方面都是让胡小懒陶醉不已。然而，胡小懒只是稍微对Lingda表示了一点热情后，他就强烈地感受到了Linda的鄙视。

郁闷的胡小懒向同事Frank吐露心事，Frank听完他的倾诉之后淡定地告诉胡小懒："Linda是名校的经管硕士毕业，英语专业八级，最重要的是，她是老板的小姨子！"Frank看着胡小懒惊讶地瞪大了眼睛，他继续说："这么说吧，Linda出现的时候，咱公司不管是不是单身的男人没有不动心的，可一旦听说她的背景之后，百分之九十九都死心了！你有车吗？你有房吗？你的存款有几位数？"说完后，他用力地拍了拍胡小懒的肩。

胡小懒涨红着脸说："不就是八级吗？胡哥我考四级的时候分数也不低啊！八级我当时没心思去考，要不然我也能考过！"Frank不相信地摇头："你别吹牛了，别说八级，你能过了六级我都不信！"胡小懒气鼓鼓地说："不信是不是？我考一个给你看看！"Frank指着他说："好，咱们打赌，也不用考过六级，就以一个月为期，你要是真能坚持学习一个月的英语，我就请你吃一个月的大餐，如果你做不到……""那我就请你！""一言为定！"

胡小懒下班后立即去买了考六级的书和练习题，开始了考前学习。可是等他翻开书本一看，脑袋就大了。整整六年没有看过英语了，平时工作当中也没有太多接触，那些单词和语法在不知不觉中还给了老师。现在的水平，恐怕二级都过不了！他在 Frank 面前的信誓旦旦和雄心壮志，一下子烟消云散了！他正愁眉苦脸地对着书本，这时有个朋友打来电话，两个人就开始煲电话粥，一聊就是一个多小时。等聊到手机没电时，两个人才恋恋不舍地挂掉电话。胡小懒看了看表，快十点了，这会儿已经有点犯困，他又觉得这么晚学习也不会有高效率，就放下了。可要睡现在又有点睡不着，不如看一集美剧吧，顺便还可以练习一下英语听力呢！他迅速地打开电脑，搜出美剧看了起来，等电视剧结束，已经过了午夜！这一晚就这么过去了！

第二天一早 Frank 就来问他："胡哥，昨天背了几个六级的单词啊？"胡小懒强撑着说："啊，熟悉中，熟悉中！"Frank 嬉笑着说："不会是一翻开书，全是单词认得你，你不认得它们吧？""怎么会，不可能！"胡小懒打着哈欠转身走开了，一转身他就为自己昨晚浪费了时间懊恼不已，他下定决心，今天晚上再也不能那样了！

晚上到家之后，胡小懒觉得疲惫不堪，他打算先睡上两个小时，恢复了体力再开始学习。结果，等他醒来已经是早上了！到了公司他不由地躲着 Frank，可 Frank 偏偏主动过来找他："胡哥，昨天怎么样了？"胡小懒讪讪地笑着："呵呵，昨天……太累了，睡过了。从今天开始，从今天开始学习！"

第三天晚上，胡小懒一回到家就把书本摆开，做出一副认真学习的样子。为了保证学习的持续性，他决定还是先去个厕所。从厕所回来，又去冲了一杯咖啡，以免一会儿犯困。接着他又把手机调成静音，消除掉外界的影响。就这样，十五分钟过去了，总算一切搞定，他终于坐下了。

看了没十个单词，他就开始唉声叹气，大部分都需要查字典。此刻，他就像小学一年级的学生一样，一个单词一个单词地去认识，去记忆，那枯燥劲就不用说了，进度自然也是缓慢至极，不一会儿，他就实在是坚持不下去了。他心想，要不还是先休息儿会吧，调整一下状态再继续。他随手摸起手机，打开网页开始浏览八卦新闻，不知不觉中，竟然又看到了十二点。困乏的他倒头就睡，一觉到了天亮！到公司之后，难免又被Frank一通冷嘲热讽！

胡小懒认识到，这样下去不仅学习效率低，也没什么兴趣，如果能找一个老师教，那应该就会顺利许多。想想自己既然与Frank打赌了，他又是考过六级的，平时与一些跨国公司代表沟通也常是他出面，口语一定了得。如果能让他教自己，不仅能学习，还能让他督促自己。想到这儿胡小懒就向Frank提出了请求，Frank见他真心想学，便答应下来，约好午休时间就开始。

用过午饭后，两人就在小会议室开始学习了，Frank拿出了一份平时常用的英语版企业宣传资料，就以这个为教材，开始了对胡小懒的教学。

Frank说："你先试着读一下，哪里不理解或者不会，我再给你解释，这样我对你的英语程度能有个了解，才能有针对性地教。"胡小懒答应着接过资料，一打开就开始冒汗了，除了公司的名字外，连企业的基本经营内容他都读不下来，不过也只好硬着头皮，磕磕巴巴地往下念，胡小懒只念了三行，Frank就表示教不了，要放弃了。Frank了解地拍拍他的肩说："好了，你也别再折腾自己了，我看英语六级你是没戏，美女也注定与你无缘！我也不狮子大张口让你请一个月的饭，一顿大餐就好，怎么样？"想想每天的纠结，胡小懒叹了口气说："好，成交，你说吃什么吧！"

为了追求美女而励志学习的计划，就这样流产了！

拖延症其实就是自制力差，通俗地说就是自己管不住自己！拖延症患者都是最擅长自欺欺人的，"一会儿就开始""明天再进行""不差这一两天"，就是这样自我欺骗，无法让自己进入状态。即使是列了表，定了计划，到落实的时候，执行无力的病症准时发作。如果身边不幸再有个损友不断冷嘲热讽，或者是遇到了火爆脾气的老师，那就更加没办法坚持了。戒拖本来就是会不断反复，几次失败后，根本不愿意再次尝试，结果就会彻底放弃！

因此，要想改变自制力差的问题，就要"择良友，多鼓励"，努力坚持，直到能够做到自律。胡小懒可以在学习时不断地暗示自己："再不开始学习，全天下的女人都嫁人了，自己只能单身一辈子！"然后制定一个切实可行的学习计划，再找一个充满正能量的外力来督促。这个外力可以是朋友，也可以是情侣，最好是同样要完成这件任务的伙伴，这样对于战胜拖延是很有效果的。

最关键的一点是，一定要保持自信。不要理会他人对你的嘲讽，也不要在意任务进展不顺带来的打击，只要敢于尝试，努力坚持，就一定能取得成功。相反，若是坚持不下去放弃了，那随之而来的懊恼、悔恨，将会让你更加痛苦，而且如果没有下一次机会，这种痛苦将无法结束！

💡 **戒拖小贴士**

1. 远离损友，吸收正能量，增强自信心。

2. 有效借用外力，建立自律体系，将拖延抛向太平洋。

【借鉴】你都造了哪些拖延孽

一入拖延深似海，红花少年变邋遢鬼。许多拖友都有着刻骨铭心的拖延历史，在他们的拖延之路上，几乎都是因某件事刺痛了他们，才促使他们走上戒拖之路的。那么，就来看看那些年，我们造过的拖延孽吧。

婷姑娘："我相亲相了三四年也没遇到一个靠谱的，有一次，介绍人给我介绍了一个钻石王老五。硕士，有房有车，身高一米七八，我事先看了照片后，小心脏扑通扑通跳个不停！这是我喜欢的类型啊！我从少女时期就一直喜欢这样的！"

"可是，因为特别重视这次相亲，出门前我在家里磨磨蹭蹭，试了好几件衣服都不知道穿什么好。眼影画了擦，擦了又画，等我到达见面的餐厅时，已经迟到半个多小时了。对方倒是很斯文，没说什么，接下来就是双方互相介绍，吃饭，回到家后我马上打电话问介绍人，谁知介绍人说对方不喜欢女方迟到，觉得这样的女孩子娇气难伺候，自己工作繁忙，没那个精力应对。就这样，我被自己喜欢的对象残忍地拒绝了。"

馨姑娘："我最头疼的是每天早上起床送儿子去学校。不仅要六点起，还要为儿子收拾书包、准备水壶，帮他穿衣、刷牙、做早饭……我老公天天告诉我，要在前一天晚上将儿子第二天早上上学时需要带的东西准备好，可我总是不记得。老公也经常告诉我要早点睡，不要每次早上都得由他和儿子来叫我起床，可我每天晚上忙来忙去，就已经12点了啊。

"那次，儿子班级要春游，老公又出差，我早上竟然睡过头了！起床后，我匆忙地给儿子收拾要带的水果和零食，千赶万赶还是迟到了。学校春游的班车已经开走了。儿子当场大哭，我心里也特别不好受。"

凌先生："哎，谁都没有我的悔恨大。前年这个时候，我腰疼，当时我一直没当回事，老婆叫我去医院看看，因为腰也不是每天都疼，我觉得她未免有些太过大惊小怪了。就这么断断续续地疼着，一直到去年，我自己也觉得总这么疼下去不是个事儿，就想着抽空去医院检查一下，可是工作忙啊，一有休息的时间我就想瘫在沙发上看电视，实在是不想去医院折腾。直到今年，实在是太疼了，才不得不去医院，结果检查出来是脊椎肿瘤，已经两年多了，医生看到我的病情都很惊讶，问我：'你怎么这么能忍疼啊。'我当时那个后悔啊！我哪里是忍得住疼，我其实就是懒！本来如果早发现就能早治疗，现在不仅要花钱，还要遭更大的罪。"

林同学："我从大三开学就决定要考研，考研QQ群都加了十多个了，电脑里下载了十几个G的考研资料，辅导书也买了一本又一本。可就是学不进去，每次都像模像样地带着书本去自习室，可到了自习室就坐那儿刷微博、刷考研QQ群，我都不知道我加QQ群到底是对还是错。"

"就这样，从大三到大四，整整两年的时间，我以考研的名义躲掉了实习，躲掉了不想去上的课程，就在所有人都期待我一定能考上时，我却在进考场前就知道自己一定会落榜，因为那本高数辅导书，我连一

217

遍都没有做完过。哎……一时的拖延让我毕业之后不得不匆忙找工作，还得面对着亲戚朋友异样的脸色，如果当初我努力复习，制定合理的复习计划并严格按照计划执行，一定不会……"

第10章

资深拖友看过来：
必杀妙招拯救你

拖延是长期养成的习惯，是一种慢性病。慢病没有速效药，注定了戒拖是一个长期的过程。只要坚定信念，不畏艰难，就一定能够在戒拖之路上越走越远。而你，也将在戒拖的过程中，经过重重修炼，成就一个更好的自己。

远离"同类"，你的戒拖才会更容易

"怎么办，老板让我这星期之内把方案改好，还要做好展示用的PPT，已经星期三了我还是一点都没动，完了完了。"胡小懒边说着边把手里的薯条扭了几个来回，然后把惨遭分尸的两截薯条插在面前的圣代上。

"我也是啊……对于明天要拜访的客户，我现在一点资料都没准备。"对面的黎小威叹了一口气，接着说："提不起劲啊……"然后接着把一根薯条插在了胡小懒的两截薯条中间。

"我爸妈下星期要过来看我，我都还没给他们订机票呢。"

"水电费我还没交呢，今天最后一天。"

"上星期的衣服我还没洗呢。"

"垃圾都臭了我还没倒呢。"

……

两人中间的圣代在他们不停的抱怨中慢慢融化，但那上面的三支薯条仍然屹立不倒，像是三支香。

其实，情绪的传染比病毒的传播途径更多，且防不胜防。"近朱者赤，近墨者黑"，人们总是会不自觉地观察他人的行为，尤其是同类人的行为，然后做出相应的反馈行为，同类的相似程度越高，就越容易做出类似的举动。

其实要想避免近墨者黑也很简单，只要远离"墨者"就好了。最好还得找个"朱者"，比如，找一个你认为最具行动力的朋友或者加入一个行动力很强的小圈子，当然，生活节奏要类似，这样才能把你从松散的状态中拉出来。

于是，胡小懒"盯"上了同住一个小区的袁小科，正好袁小科的公司和胡小懒在同一个办公楼里，两人公司的上下班时间都差不多，小懒抓住机会和袁小科同行。袁小科每天都会在家里吃过早餐才出门，胡小懒要跟上他的节奏，就得前一天准备好第二天的早餐和上班之前要带的东西，这样一来，胡小懒总算达到了和袁小科同步的第一个步。

在上班路上，胡小懒忍不住又开始抱怨："唉，昨天要给客户回复的邮件还没回复。"

"等下到了公司，你就可以马上回复了呀。"袁小科笑着说道。

"等下到公司可能又被抓去先做其他的事情了，要不然就是老板又有什么紧急任务要安排给我。"胡小懒一脸的忧心忡忡。

"那你就先计划好应对措施呀，你到了公司，如果没有马上做的事情就先给客户回邮件，再处理其他的事情。"

"可是事情老是堆到一起，无从下手好麻烦啊。"胡小懒拍了拍自己的脑袋，感觉这个脑袋因为经常遭到四面夹击，里面的回路似乎已经没有规律可循了。

"如果是我，我就会先把事情按轻重缓急计划好，先把最重要也是最紧迫的事情处理完，再做其他没有那么紧急的事。"袁小科接着说，"就好比你有一堆形状各异的积木，最先要做的是把能稳固的最重要的积木放好，然后接着往后放，小的搭在大的上，这样你的金字塔才会稳定嘛。"

"有道理。"胡小懒又拍了一下脑袋，不过这一次脑袋中错综复杂的路线似乎打出了一条清楚的回路。

就这样，胡小懒在和袁小科同行的路上，学到了不少行之有效的处理事情的办法。一开始为了赶上袁小科的步调，胡小懒下了不少工夫，几次都想放弃了，但是在袁小科的影响下，胡小懒喜欢抱怨的坏毛病也改掉了不少。

但是袁小科又不是胡小懒的私人改造教练，胡小懒自然也不好意思总是麻烦他。于是小懒开始找寻具有行动力的圈子，经过一番观察后，胡小懒加入了小区的一个晨跑小组，这个小组里的大多数人都和胡小懒一样是普通的上班族。小组里的人每天坚持早起去跑步，如果一个星期缺勤两次的话就会被要求退出小组，这让胡小懒犹豫了很久，最后还是咬咬牙加入了。

胡小懒为了不让晨跑耽误自己的其他计划，相应地也要提前对自己的生活做好安排，因为晨跑小组的强硬规定，使得胡小懒不得不打起十二分精神来应对。

就这样，原本每天八点才会起床的胡小懒，现在每天六点半就起来，洗漱完毕后先用十几分钟准备好早餐再出门晨跑，七点五十左右回到家里，小休片刻，吃完早餐，然后把昨晚上已经准备好的衣服换上，拿起收拾好的包就去上班了。一到公司，先开始做事先安排好的事情。为了能赶上袁小科的下班时间，胡小懒得在下班之前把今天要做的事情尽快做完。

一开始，他因为磨蹭或者晚起缺席了几次晨跑，仍旧会出现把事情拖到下班前才开始做，不得已又要加班的情况。但是逐渐地，胡小懒越来越被跑友们和袁小科强大的正能量感染，现在，"决即立行"这四个字已经成了胡小懒的座右铭。

也许你会认为，凭借自己的力量也能战胜拖延症，没有必要加入晨跑圈子，也没有必要去接近那些具有行动力的人。但试想，如果在一个安静的图书馆里，你会想要去大声喧哗吗？而在杂吵的大街上，平时低声细语的你也可能也会变成一个大嗓门。人难免会有从众心理，从众心理既然可以引导我们往不利的方向去，当然也可以引导我们往有利的方向去。

如果你总是和黎小威这样的人一起互相抱怨自己的拖延行为，只会在无形中给自己找拖延的借口："唉，别人也是这样的，我没什么好自责的。"但如果你总是和袁小科这样自律的人一起同行，你的内心就会在参照袁小科的行为中谴责你自己，你会问自己："怎么你不像人家袁小科一样有效率，为什么你还在早餐摊面前排着队打哈欠，人家却已经精神饱满地踏上上班之路了？为什么你的事情还没做完，人家已经下班了？"

如果身边没有袁小科这样有行动力的朋友，也没有一个有行动力的小圈子可以加入，怎么办呢？那至少要先远离黎小威这样会给你带来负面情绪的朋友，拖延症是一种传染病，即使一时半会儿治不好，至少也要先离开传染源，这样病情才不会加重。

至于怎样去找这样的一个圈子，其实是很容易的，只是你没有注意去发现而已，比如在文中提到的晨跑圈子，如果你不特意去了解，就算在你身边，你也不知道。不仅是晨跑圈子，打球、摄影之类的兴趣小组都可以，内容并不重要，重要的是这群人在帮你摆脱拖延症上的行动困难。

戒拖小贴士

1. 身边如果有一个同样拖延的人是相当不利的，要想办法避免与他同步。

2. 找到并加入正面的圈子，会让你更容易摆脱拖延的毛病。

你的金币都去哪儿了？ 34枚金币戒拖法

时针指向了12点，胡小懒电脑桌面上的PPT页面仍然是寥寥无几，而电脑屏幕前的他，左手捧着手机，右手食指熟练地往上滑，时不时还会拍一下大腿哈哈大笑。

等到他视线再次落在屏幕上时，才发现马上就到12点了。"哎呀，该睡觉了，明天还要早起呢。"胡小懒看着时间自言自语地说。然后保存了那些可怜的文件，心满意足地睡觉了。

第二天早上，他摁掉了正在响的闹钟，在床上滚了几下，最后哈欠连天地站起身来，左手叉着腰，右手捧着手机，大拇指熟练地滑动手机屏幕，慢慢地走到洗漱台前，过了好一会儿，才想起来是要洗漱，然后开始挤牙膏，刷牙，右手上的手机已经换到了左手上，但是大拇指滑动依然迅速流畅。

到了公司，胡小懒边捧着咖啡边打开Word、PPT和一些资料，然后心里想着，看看今天有什么新闻，胡小懒打开了门户网站，开始看新闻，突然弹出了几个窗口，一看标题"神似画中人新一代天才美女漫画家""天雷滚滚，为油条两妙龄女子大打出手"，他觉得挺有意思，立刻点开去看看。

等到看完这些，已然是上午10点了，胡小懒还没改几下PPT中的动画效果，时针已经接近了11点的位置，他在心里盘算着："可以叫外卖了，要不待会不知道得拖到几点才能送到。"然后开始询问周围的同事中午吃什么。等到他们商量好，又是十分钟过去了。

在等待午饭的这段时间里，Word里的文字又多了几行，PPT里第三页的标题字体效果从微软雅黑切换到宋体又切回微软雅黑。等到午饭一送到，胡小懒就像被椅子弹起来一样，几乎是跳到了外卖小哥的面前，开开心心地领走属于自己的那一份饭菜，回到位置上，摆好姿势，左手是手机，右手是筷子，小懒觉得自己真是太善于利用时间了。

小懒吃完午饭，四处晃悠了一会儿，突然想起早上刚下载好的新游戏，立刻拿出手机，开始进入战斗模式，原先想着的闭目养神计划早就被抛到了脑后。

转眼到了下午一点，小懒这才慌慌忙忙退出游戏，回到座位开始工作。整个下午也没有什么进展。下班时间到了，小懒看了看电脑上的页面，想着今天也做了蛮多事情嘛，果断关掉电脑，收拾东西和同事们一块走出公司。

回家的路上，小懒正在玩手机，忽然某个APP（应用程序）弹出来一条提醒："今天晚上要跑步哦"，小懒点了一下"已完成"，然后切换回原来浏览的窗口，等回到家的时候，小懒满脑袋里只剩下刚才看到的娱乐八卦的头条，至于跑步，早已忘到了九霄云外。

小懒躺在懒人椅上，找到了一个最舒服的姿势，左手捧着手机，右手继续熟练地滑动手机页面，不时感叹一句，或者是哈哈大笑，等到他终于注意到了时间不早了，才依依不舍地放下手机去洗澡。

洗完澡，浑身清爽，脑子似乎也清醒了些，小懒这才意识到，好像今天还有不少事没做完，于是打开电脑，趁着兴奋劲又做了几页，但此时，时针已靠近12点，小懒翻了翻今天的工作内容，心满意足地关上电脑："今天在工作中结束，真充实啊！"

在胡小懒的心里，今天好像的确做了不少事，甚至睡觉前一刻都是在工作。然而，当我们把他这一天的时间分段以后就会发现，从早上起床到晚上休息的时间，总共有17个小时，在这期间，工作时间居然只有可怜的3小时。显然，这与他自己认为的工作很充实相去甚远。

造成胡小懒这种错误感觉的原因，在于他根本没有认识到自己这一天到底做了什么，而只隐约地感觉到时间都过去了，在每个时间段也都没闲着，便想当然地觉得很充实。

生活中，像上面胡小懒出现的这种问题，很多人都在重复，可悲的是，他们根本不会注意到这其实就是拖延。对这类拖延问题，有一种很好有效的改进方法，叫作金币法。

我们把胡小懒这一天内做的事情归成几个类别：

黄色＝高效率工作的时段

橙色＝不得不做的一些事情

绿色＝休息时段

蓝色＝娱乐时段

红色＝无所事事，白白浪费的时段

那么小懒一天的时间安排就会如下表所示：

Monday, July 06	
7：00-7：30	准备起床
7：30-8：00	起床
8：00-8：30	洗漱，早餐
8：30-9：00	上班路上
9：00-9：30	刷微博，看新闻
9：30-10：00	刷新闻

10：00－10：30	工作
10：30－11：00	工作
11：00－11：30	浪费时间
11：30－12：00	午餐时间
12：00－12：30	午餐时间
12：30－13：00	打游戏
13：00－13：30	打游戏
13：30－14：00	该休息的时间用来打游戏
14：00－14：30	浪费时间
14：30－15：00	浪费时间
15：00－15：30	工作
15：30－16：00	工作
16：00－16：30	想东想西
16：30－17：00	想东想西空想
17：00－17：30	想东想西想下班
17：30－18：00	下班时间
18：00－18：30	晚餐时间
18：30－19：00	晚餐时间
19：00－19：30	躺在懒人椅上刷微博
19：30－20：00	刷论坛
20：00－20：30	看视频
20：30－21：00	看视频
21：00－21：30	看视频
21：30－22：00	洗漱
22：00－22：30	整理
22：30－23：00	工作
23：00－23：30	工作
23：30－24：00	胡思乱想开始准备睡觉

我们把每30分钟折换成一枚金币，这样小懒一天从早上起床到晚上睡觉，总共有34枚金币。那么，小懒手里的这34枚金币是如何被他挥霍掉的呢？

从表上可以看出：

小懒每天花在工作上的时间是6枚。

花在休息上的金币是2枚。

花在娱乐上的金币是11枚。

花在刷微博刷新闻发呆的金币是15枚。

试想象，本来你每天要收入34枚金币，然而你却要浪费掉将近一半！

但是我们每天努力，都是希望明天更加美好，这就像是积攒金币，虽然每天不多，但只要持续积累，你很快就会发现你的金钱箱越来越满。相反，每天都要挥霍金币的人，若干年后，依然会是两手空空。

所以，珍惜你手上的34枚金币吧，它们是上帝给予所有人最公平的礼物，没有人能抢走你手中的金币，你也不能从别人那里得到它，至于能否完全拥有它，那却完全取决于你自己。

那么，怎么做才能让手里的金币不流失呢？首先，把每一周划为一个大的时间单元，每天之中每半小时划分为一个小的单元，做一个如上所示的表格，把星期一到星期天能够安排好的事情先填上，然后在每天结束之后把这一天实际上做的事情填上。一个星期之后做总结，你就会发现，你这个星期攒的金币一目了然。

在每一周结束时，你可以算算自己这一周的金币，再根据实际情况给自己建立几个目标，比如说这星期挣得了一定数量的金币就可以奖励一下自己。这样一来，你是不是对未来充满了希望，也觉得自己充满了动力呢？

胡小懒平时常笑着说自己最爱钱，所以这个34枚金币戒拖法实在是太适合他了。如果你觉得自己做表格太麻烦的话，可以选择下载一个34枚金币的APP（应用程序），最好能在多个平台同步，随时随地记录或查看自己的金币收获情况，也可以提醒自己该到做什么事情的时间了。

💡 戒拖小贴士

1. 如果你喜欢攒钱的感觉，就试试34枚金币戒拖法吧。

2. 记录每天的时间都用在哪儿了，你会大吃一惊，原来自己浪费了这么多时间。

戒拖，从改变生活邋遢开始

　　胡小懒二十几年的单身生活就要在最近结束了。单位热心的马姐帮他介绍了一个女孩子，名叫兰兰。兰兰是本科学历，身高和相貌都不错。对此，胡小懒很激动，他觉得找到了一个条件这么好的女朋友，自己这二十几年的单身生活也算值得了。

　　胡小懒觉得女朋友哪儿都好，就是约会爱迟到。从两人第一次相亲见面到相处了两个多月，兰兰就没有一次约会是不迟到的。胡小懒刚开始以为，女孩子出门要化妆、穿衣打扮，迟一点是难免的，虽然次次都这样自己也会有些情绪，但想想，好不容易谈了个女朋友，总不能因为这点小问题伤了感情。其实，最让他觉得不舒服的是，兰兰每次迟到后都不道歉，好像让他等她是理所应当的事情。

　　努力戒拖的胡小懒却认为，这是对别人时间的浪费，只是面对女朋友靓丽的脸庞时，他总是无法开口。

　　兰兰在跟胡小懒刚开始约会的时候，都会悉心打扮，但两人相对熟悉了之后，兰兰就穿得随意了很多，妆也不化了。胡小懒本身就是个对这方面不在意的人，相反，他还喜欢兰兰素颜的样子，就夸了兰兰几句，让兰兰很不好意思。

　　兰兰和同事一起租房住。一次，胡小懒晚上送兰兰回家，无意间看到了兰兰的卧室，虽然门开得不大，但胡小懒从门缝中也能窥见里面有多乱。兰兰看到胡小懒望向卧室的方向，立刻跑过去挡住，让他不要看。

又一次约会，兰兰迟到了一个多小时还没来，胡小懒打电话问她出了什么情况。谁知，电话那头的兰兰小声说："我忘了交房租，房东过来询问呢！"胡小懒想着兰兰是不是经济上有困难，作为她的男友，这时候自己一定要出现，他马上赶去兰兰家。谁知道，见面后一聊才发现这竟然是个误会。兰兰的房东要求租客每个月5号将房租转到银行卡上，兰兰却拖到了月底也没有转账。兰兰的室友小梅早就提醒她要记得转账，兰兰虽然口头答应了，心里却觉得晚几天付也没事，反正自己又不是不付。就这样拖了近一个月，直到房东来问。

让刚交往的男朋友看到自己如此拖沓的一面，兰兰显得有些羞愧。

胡小懒说："我之前也总是习惯性拖拉，我的工资是打到银行卡上的，银行有一个理财产品，只要在APP（应用程序）上简单地将钱从活期账户转到理财账户，每天就能有几块钱的利息收入。虽然天天玩手机，可我就是懒得做这么简单一个动作，每个月就损失了几十块利息。"

兰兰激动地点头："就是这样，就是这样，我也是！哎，小懒，原来你也有拖延症啊，看不出来啊！看你做事还挺干脆利落的。"

胡小懒告诉兰兰，自己一直在努力战胜拖延症，而第一步就是从改变生活邋遢的习性开始的。

生活中，有多少漂亮的女孩子像兰兰一样，出门时将自己打扮得漂漂亮亮，而其实卧室里面十分脏乱，饮料瓶、方便面盒子、零食袋子、衣服、包、书、充电器、塑料袋、纸巾等东西随意丢放。而像兰兰那样，只有在前几次约会的时候才打扮自己，到后面觉得熟悉了就懒得再化妆的女孩也不在少数。

人一旦习惯了邋遢的生活，要想改变就需要很大的毅力和决心。改变自己的最好方法就是从细微之处着手，一旦将生活变得有条理，整个人的精神状态也会大为改观。

要想改变邋遢的生活状态，首要的一点，是改变邋遢的形象。兰兰在遇见胡小懒的前几次都认真地打扮化妆，本来，这是很好的改变自己的机会，可在胡小懒升级为自己男朋友后，她又变得懈怠了。

其实，保持一个得体的容貌没有那么难，化不化妆并不是重点，而是要干净、整洁。只需做到以下几点，就可以改变自己邋遢的形象。

每天早晚坚持认真洗脸、慢慢刷牙。这看起来似乎很简单，但对于很多生活邋遢的人来说，却很难做到。

睡前将脏衣服扔进洗衣机或脏衣篮，将第二天要穿的衣服准备好，放在床头或椅子上。一方面可以直观地看到有脏衣服堆积，促使自己要清洗，而且也不会使房间显得脏乱；另一方面，可以预防第二天早上找不到可穿的衣服。"凡事预则立，不预则废"，在有机会提前做准备的时候做好准备，临事才不会手忙脚乱。

每周至少擦一次鞋。不管是皮鞋，还是运动鞋。当然，如果能每天换干净的鞋子、袜子，那就更好了。

每周把背包里无用的东西清理一遍。很多人，尤其是女孩子，喜欢背很大的包，往里面常放一些没用的东西，比如购物、充值小票，各种街头传单……背包里的东西越来越多。找个周末，将包里没用的东西清理出来，给背包也瘦瘦身，既给身体减了负担，也能发现那些找很久也找不到的东西。

戒拖小贴士

1. 戒拖，从改变生活邋遢开始。

2. 远离邋遢，不需要做出多么大的改变，只需要日复一日地坚持。

约定时间段，而不是时间点

　　胡小懒最近帮女朋友兰兰做了一些规划，帮助她从细节开始改变拖沓习惯。如果再早几年，他没有对拖延症有清晰的认识时，他可能会因此对兰兰产生一些负面的看法，但在经历过这么久以来的戒拖斗争后，他深深地理解兰兰，相信兰兰自己内心深处也是不喜欢这种拖延、邋遢的状态的，不然她也不会介意自己看到她的房间。

　　兰兰感激胡小懒的大度和开明，再加上两个人都曾是资深拖友，一下子找到了不少共同语言。就这样，两个人之间的感情也更加深厚了。只是，接下来的几次约会，兰兰还是照常迟到，虽然她现在迟到后会对胡小懒道歉，但依然不见有所改正。

　　胡小懒决心找机会认真地跟兰兰谈谈这个问题。

　　这天，胡小懒和兰兰约好两个人下班后去吃麻辣香锅，六点半的时候在地铁站里碰面。可胡小懒在要下班的时候被领导叫住，要处理一些事情，等他赶到的时候已经七点二十分了。兰兰在地铁站门口玩手机，一看见胡小懒就劈头盖脸地教训他："你怎么这么晚才来！你知道我在这儿等你多长时间了吗？说好的六点半见面你怎么迟到，现在这么晚了，吃麻辣香锅肯定排不上队了，我看你干脆吃麻辣烫好了！"

　　说完，兰兰似乎也觉得自己话说得有点重了，有些不安地看向胡小懒。胡小懒一点也没有生气，反而笑眯眯地问："说好的六点半，那我们的兰兰大小姐是几点钟到的啊？"

兰兰一下子又恼火起来："我七点就到了，你让我等半个小时你知道不！"

胡小懒问："你看，你不也迟到了嘛，再说了你哪次不迟到，我是第一次，迟到是因为公司有事实在没法走开。"

兰兰不依不饶地说："你怎么能这么说话呢？你迟到半个小时，我就在这儿玩了半个小时的手机，这时间不都白白浪费了！"

胡小懒接口道："你看，你也知道迟到浪费的是别人的时间是不是？那你之前为什么还迟到呢？"

"好你个胡小懒啊！原来你今天是故意迟到的，你看我不收拾你！"

胡小懒连忙告饶，他认真地对兰兰说："对于大部分人来说，约会迟到5到10分钟，都是可以接受。一旦超出了这个时间段，对方就会感到心里不舒服。因为每个人的时间都是宝贵的，你并不知道别人为了按时到达做了哪些牺牲，可能是一次舒服的午觉，也可能是没洗完的衣服，还可能是一摊子没完成的工作。再说了，就算对方没什么事，让别人一直等着你也不是一件礼貌的事。"

兰兰抱怨地说："我也知道这个道理。其实我的闺蜜们也跟我说过好几次了，可我不知道为什么就是总迟到。"

胡小懒问道："那要不要在电脑上贴个便利贴，写上约会时间？"

兰兰苦恼地说道："哎呀，这些方法我都试过，可都没什么用啊！"

胡小懒一时间也想不出其他好办法，只能先安慰兰兰不要着急，自己回去在网上发个帖子，看看拖友们有没有什么纠正习惯性迟到的好方法。

回到家后，小懒在网上发了一个求助帖，等洗完澡回来之后，看到一位拖友的回复。

这位拖友本身也是个爱迟到的人，且因为迟到多次受到过领导、同事、朋友和亲人的埋怨，他自己痛定思痛，终于找到了一个妙招。激发他想出此妙招的灵感源于他的朋友小何。他跟小何见面时也是每次都迟到，但小何却从来不生气，他很好奇，就向小何询问，才得知，小何每次都在约定时间基础上自动延迟20分钟，这样就算他再迟到，小何真正等的时间也不多。这位拖友回去后就想，对于爱迟到的人来说，马上强迫他们从下次约会起就开始准时到确实是一件难事，既然小何在跟自己碰面的时候将约定时间延后20分钟，那何不在一开始两人就约定一个时间段，而不是一个具体的时间点呢？

比如，原来约定6点钟见面，现在改为6点到6点20之间，谁早到了，就先在附近坐一会儿。而晚到的那个人只要在约定时间范围内出现，便不算迟到。

这个方法的妙处就在于，很多拖友经常有"越着急越不想迟到，反而就越迟到"的感慨，将约会时间改为宽松的时间段，就可以避免带来上述心理压力。

现代社会，尤其是大都市中，交通堵塞司空见惯，出行遇到一些特殊情况耽搁时间是很普遍的事情，如果一定要强迫拖延症患者在约定的时间到场，会对他们产生很大的心理压力。哪怕是遇到意外因素造成无法准时到场，也会怪罪于自己，如果这样的事情发生的次数多了，他们难免会觉得自己一定是改不了迟到的毛病了，进而会产生更严重的抑郁和自我打击，想要改变就更难了。

胡小懒现学现用，跟兰兰打电话说道："我们明天下午6点半到7点之间见面吧！"

兰兰纳闷道："你说的到底是6点半还是7点啊！"

胡小懒说："就是6点半到7点之间，你只要在这个时间范围内出现就可以。这次，你应该不会迟到了吧！"

兰兰这才明白过来。

胡小懒继续说："但你要记得我们约定的是一个时间段，而不是7点，千万不要将7点当作约定时间，然后再按照你以前的习惯，7点半才出现哦！那样，我是不会等你的。"

"你放心，我这次一定不会迟到的。"兰兰向他保证到。

拖延症患者往往容易在决心戒拖的时候，将目标制定得非常极端，却不考虑实际执行的可能性有多大。像这样确定一个固定时间段而不是时间点的做法，对资深拖延症患者来说效果颇为不错。

但要警惕的就是，拖延症患者可能在脑子中将约定的时间默认为最迟的那个时间点，如将上述中的约定时间默认为7点，那样一来，他们还是会同往常一样迟到。所以，一定要有一个督导的人时刻提醒他——约定的是时间段，而不是时间点。

💡 戒拖小贴士

1. 迟到是对对方的不尊重，也是在浪费别人的生命。

2. 对约定时间不要限制得太死，可以约定一个时间段而不是时间点。

拖延是个慢性病，治病得有耐心

胡小懒接到了女朋友兰兰的电话，兰兰在电话里抱怨自己的战拖计划一点成效都没有，她感到非常泄气。

胡小懒问："怎么会没有成效呢？觉得什么样才算是有效果？"

兰兰说："做什么事都能有计划，不拖沓，整个人的精神面貌能够得到改善。"

胡小懒耐心地对兰兰说："拖延都是多年养成的，想要一下子变成一个自律的人，哪有那么容易啊。"

兰兰没有说话。

胡小懒接着说："就拿我自己来说，现在与以前相比，可以说已经改进了很多。现在的我，做事情相对有计划，也不会盲目地把所有事都推到Deadline（最后期限），可是这并不代表我做任何事都不推迟啊。"

"啊！"兰兰吃惊地叫了一声。跟胡小懒分享了戒拖经历后，她一直把这个男友当作自己的偶像，没想到他现在也还会推迟。

确实如此，这并不是说胡小懒戒拖不成功，其实，很多没有拖延症的人也会在某些事情上推迟，可能工作上没有出现推迟，但生活上却出现了。而且，也并不是说所有的推迟都是无益的。有些事情往后推迟反而会取得很好的效果，如足球运动员在己方比分领先的时候，如果机会不大，一般都会推迟进球，以免万一进球不成功，被对方占据优势。而在工作中，有一些工作可能不那么重要，当你被分配了这种工作时，如果始终坚信有事情马上做，再碰上一个不开明的领导，那很可能最后的结果是，你刚刚完成了这个无足轻重的工作，又会接到另一个，你将发现自己不得不陷于琐事中。等到年终述职时，会发现自己没有一件拿得出手的项目经历，而领导这时不会管你平时是否对他百依百顺，帮他搞定多少无意义的工作，他只会觉得你没有能力，升职加薪都将与你无缘。

所以说，不是所有的推迟都是无益的，只有那些会产生不良后果的推迟才称得上是真正的拖延，拖延症指的仅是后者。

此外，研究人员发现一种规律，拖延症在经济越发达的国家越流行，而且从某种意义上说，拖延症是一种现代病。

为什么这么说呢？因为现代人每天要面临着许多压力，如工作、房子、婚姻、健康、前途、养老等方面。电视剧《蜗居》里面，主人公海藻的姐姐海萍曾感慨道："别人的生活我不知道，而我呢，每天一睁开眼，就有一串数字蹦出脑海。房贷6000元，吃穿用度2500元，冉冉上幼儿园1500元，人情往来600元，交通费580元，物业管理费340元，手机通讯费250元，还有煤气水电费200元。也就是说，从我苏醒的第一个呼吸起，我每天至少要进账400元，这就是我活在这个城市的成本。这些数字逼得我一天都不敢懈怠，也根本来不及细想未来的十年，我哪里有什么未来，我的未来就在当下，在眼前。"

在这种紧张的、高速竞争的状态下，每个人的神经都绷得很紧，都想让自己变得能力更强。而现代社会的变化告诉我们，必须时刻准备调整事情的进度。每当遇到需提前完成的任务时，我们要通宵熬夜赶进度，而一旦遇到不得不推迟的某些事，从而产生了消极后果的情况时，我们的心里就会产生负罪感。

另一方面，现代人面临着各种各样的诱惑，在这个时代，每时每刻都有新鲜事物出现，它们在争先恐后地吸引着你的眼球。太多的诱惑无时无刻不在分散现代人本就不多的注意力，当我们的注意力被这些诱惑吸引时，难免会产生更多的拖延行为。

巨大的压力和无尽的诱惑，让不少现代人都成了拖延症患者。很多拖延症患者都曾在深夜痛哭，痛恨自己的拖延和懒惰，却又无能为力；很多拖延症患者都曾想在脆弱的时候，一个人找个角落躲起来，不与任何人交流。所以，很多重度拖延症患者同时也是抑郁症患者。拖延很容易就会在我们的心灵上留下巨大的创伤。

拖延是长期养成的习惯，是一种慢性病，没有立竿见影的戒除方法，而戒拖又必须与日常工作、生活、学习紧密相连，不能像戒掉毒瘾那样采取封闭式强制措施，这就导致戒拖是个长期的工程。"雄关漫道真如铁，而今迈步从头越"。只要坚定信念，不畏艰难，就一定能够在戒拖之路上越走越远，最后在你未曾察觉之时，拖延症已经被你彻底摆脱了。而你，也将在戒拖的过程中，经过重重修炼，成就一个更好的自己。

💡 戒拖小贴士

1. 拖延是个慢性病，戒拖没有快速药。

2. 不是所有的推迟都是拖延。

【奇葩】这些戒拖招数，绝对管用

"怎么办怎么办，我就是没救了啊！"自称重度拖延症的你是不是试过了各种办法都无济于事，最后只能无可奈何地仰天长叹？既然中西结合对你都没有效果，那不妨来试试这些奇葩的偏方吧。

1. 在必须完成的任务面前，把自己的一张囧照编辑成邮件，设置为定时发送，这个定时就是你给自己的一个Deadline（最后期限），如果在这之前你仍然没能完成任务，囧照就会随着你的Deadline（最后期限）一起发送到你的亲朋好友手中。

2. 如果你从来不买彩票的话，可以尝试浪费一个小时，买一张彩票，浪费两个小时，买两张彩票。不仅能体验一把钱飞走的感觉，幸运的话还能顺便中大奖！（热爱投机者请勿用此法，否则后果自负。）也可以买一个存钱罐，把浪费的钱记录下来，再用自己的钱补进存钱罐里，逢年过节的时候，把这些钱送给来你家拜访的小孩子吧。

3. 在你必须完成某件事情之前，摆上你最讨厌的食物，在你完成任务之前，这些就是你赖以生存的食物。

4. 找一件你最喜欢做的事情，比如说购物，在任务即将完成时，你就把自己最近最想买的三件东西加入购物车，然后设置三个时间点，每个时间点对应一个物品，如果没有在规定的时间内完成任务，就要去掉购物车里相应的物品，而且它在一定时间内不能再被加入你的购物车。与之类似，对于游戏迷、小说迷也是如此，你最爱的游戏和小说都已经成为了任务的"人质"，如果你不能在规定的时间内赎回它们，对不起，要撕票了。

5.下载一个"真心话大冒险"的APP（应用程序），当然不是拿来给你玩的，而是用来给你设立惩罚措施的辅助工具，具体的惩罚内容只有APP（应用程序）和没有完成任务的你才会知道，前方未知的危险是相当可怕的哦，比如说，没完成任务就要站在阳台上大声朗诵徐志摩的情诗，直到邻居来投诉你。

6. 做一个白日梦。不要笑，我是认真的。做一个白日梦，梦里的你，在你想去的地方，有着你梦寐以求的身份。给你的白日梦设立一个金币值，做白日梦的时候就看看你现在的金币和白日梦之间的差距吧！

奇葩的招数并不只有以上这些，只要你觉得能够根治你的拖延症，招数再奇葩又如何呢？